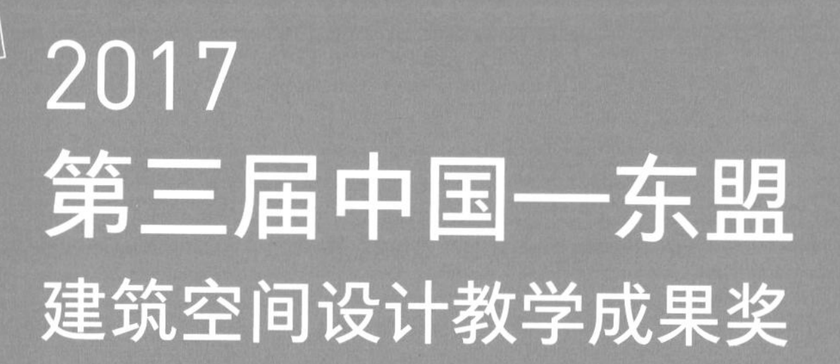

2017

第三届中国—东盟 建筑空间设计教学成果奖

获奖作品集

江波//主编

中国建筑工业出版社

图书在版编目（CIP）数据

2017第三届中国—东盟建筑空间设计教学成果奖获奖作品集／江波主编．—北京：中国建筑工业出版社，2017.9
ISBN 978-7-112-21160-9

Ⅰ．①2… Ⅱ．①江… Ⅲ．①建筑设计－作品集－中国、东南亚国家联盟－现代 Ⅳ．①TU206

中国版本图书馆CIP数据核字（2017）第209395号

本书汇集了2017第三届“中国—东盟建筑空间设计教学成果奖”的获奖作品，涵盖环境艺术类、建筑设计类、展示设计类、室内设计类和景观设计类的一、二、三等奖。作品丰富、图片精美，具有很强的可读性。本书适用于广大高校建筑设计等相关专业师生及建筑行业设计师。

责任编辑：李东禧　杨　晓
责任校对：王宇枢　刘梦然

2017第三届中国—东盟建筑空间设计教学成果奖获奖作品集
江波　主编
*
中国建筑工业出版社出版、发行（北京海淀三里河路9号）
各地新华书店、建筑书店经销
北京锋尚制版有限公司制版
北京中科印刷有限公司印刷
*
开本：880×1230毫米　1/16　印张：7¾　字数：248千字
2017年9月第一版　2017年9月第一次印刷
定价：**88.00**元
ISBN 978-7-112-21160-9
（30803）

2017 第三届中国—东盟建筑空间设计教学成果奖
获奖作品集

编委会

《2017中国—东盟建筑空间设计教学成果奖获奖作品集》收录了中国及东盟国家近二十所高校学生设计大赛的获奖作品。大赛参赛选手们围绕“穿越 · 地缘”的主题及大赛的章程进行积极创作，同学们从各自的国度和地域出发，充分发挥地缘属性优势，认真去把握、全面地诠释了主题的内涵与延伸的文化。

此国际性空间设计教学成果大赛活动的举办今年是第三届，看着一件件获奖作品心中倍感欣喜与钦佩。这主要指的是大赛选手的参与度、投入度、认真度及学术深度均有喜人的“进度”。因为各个高校的学生学习任务繁重，实践项目繁多，各种专业竞赛频繁。同学们能够以认真的态度创作高质量的作品参赛，着实可喜可嘉。

既然是教学成果大赛，也就少不了各个高校的教学取向、课程定位，尤其是指导教师呕心沥血辛勤指导，践行“视徒如己，反己以教”的古训，努力奉行教师是智慧的化身、学术的典范、技艺的传播者“解惑授道”的崇高职责。

参加专业比赛本身就是一个学习的机会，通过不同的国家和各个学校的共同参与，建立起一个相互交流、相互学习的学术平台，更是一次难能可贵的学习与借鉴达到共同提高的过程。最后，感谢各个高校的积极参加及大力支持，祝贺大赛顺利圆满成功！

广西艺术学院建筑艺术学院院长　江波

2017年8月7日

展示设计类

室内设计类

景观设计类

环境艺术类

Environmental Art Design

一等奖

The First Prize

▎作品名称

《候鸟原生态洞穴体验酒店项目概念设计》

▎院校

广西艺术学院

▎作者姓名

梁朱思米

▎指导老师

陶雄军、边继琛

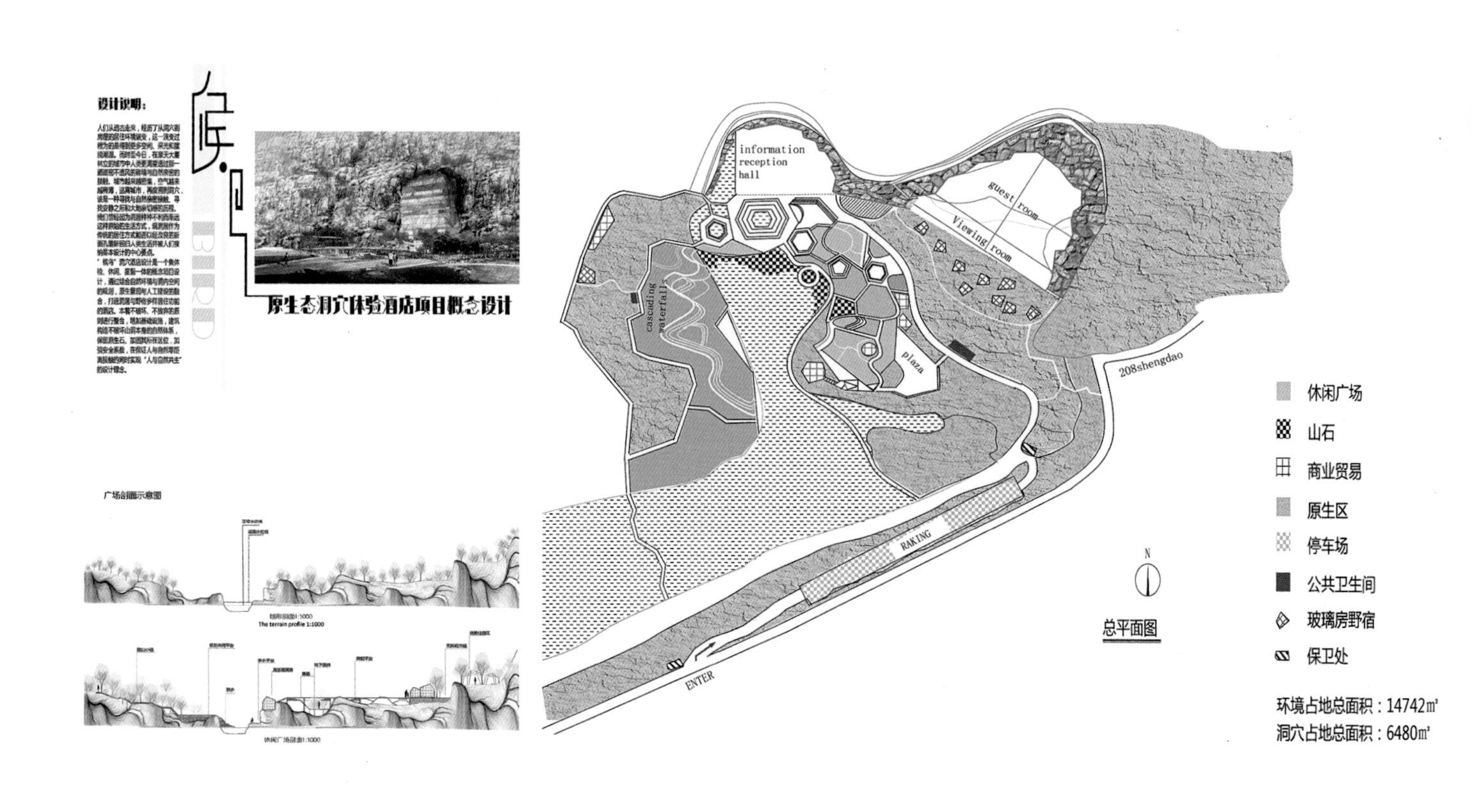

洞内效果图

走在洞内观光廊道可以将洞穴景观尽收眼底，观光电梯即可便于上下楼，也可俯视全洞壮观的自然景观。建筑构造不破坏山洞本身的自然体系，保留原生石、加固其所在区位，加强安全系数，不破坏原有的鸟巢、鸽子洞、及不构成人身伤害的野生物，在保证人与自然零距离接触的同时实现人与自然共生。

休闲广场效果图

利用入口一路景观整合成小休闲广场，并在地势较平的洞穴旁设计户外就餐区。玻璃房不规则设计为游客提供防蚊虫、光照的休息区，同时在造型上呼应建筑表皮和山体石头。

休闲广场效果图

在原生的景观中人类更愿意释放自我，释放天性，层层叠叠的设计延续山的高低错落感，与环境契合的是原始的味道，故舍去凳子之类的公共设施，让人可随地而坐，随处可坐。

夜景效果图

原生景观与再生景观的结合：保留原生植被、添加种植植被，低洼处用木条随地形铺设，可供静坐、观、石。深洼较为潮湿，利用浅水饲养萤火虫，丰富夜景景观。

洞房效果图

一等奖

The First Prize

作品名称

《Thai Level Architecture》

院校

Silpakorn University
（泰国艺术大学）

作者姓名

Kumphakarn
Sasiprapakul

指导老师

Nantapon
Junngurn

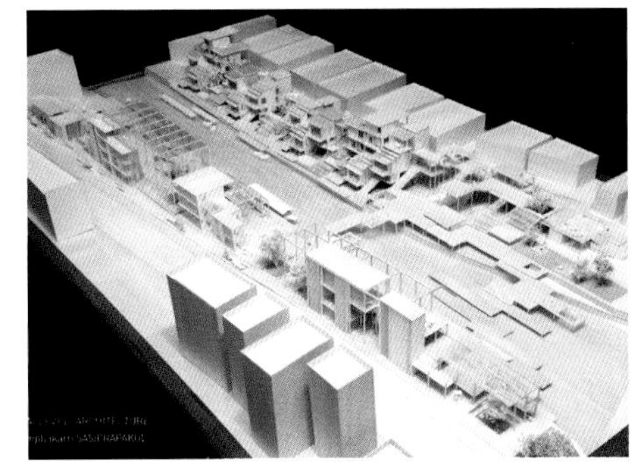

一等奖

The First Prize

作品名称

《Cultural and National Contemporary Art Center, Siem Reap City》

院校

Royal University of Fine Arts
（柬埔寨皇家艺术大学）

作者姓名

Sina Boramy

指导老师

Prof. CHEA SamAth

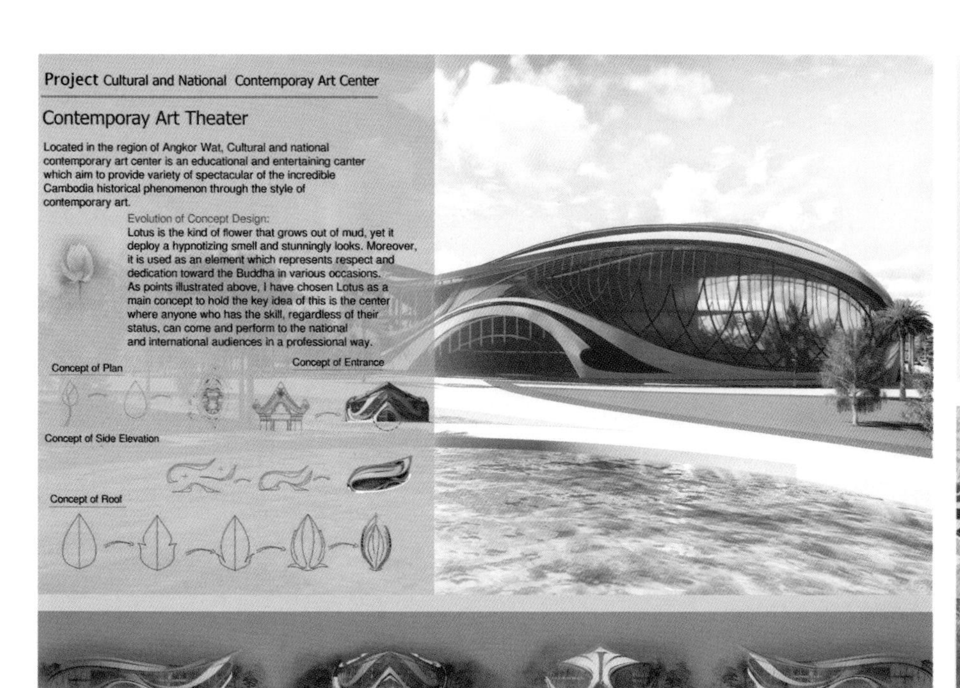

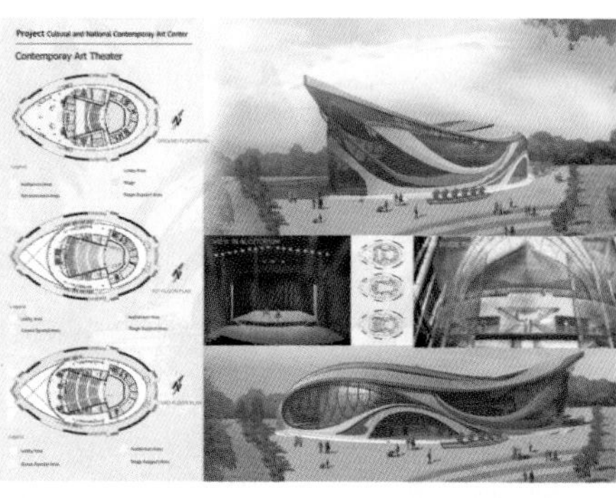

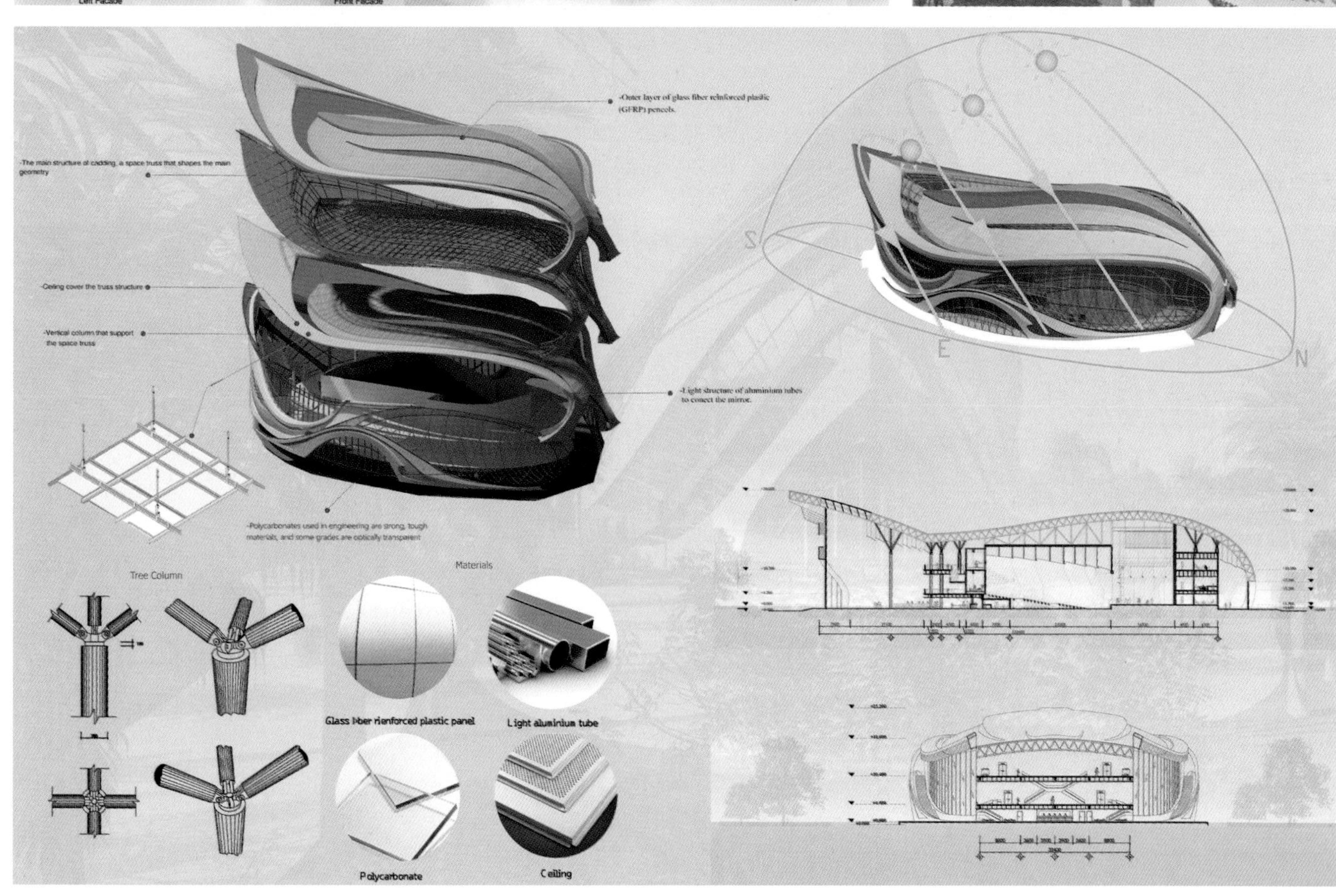

二等奖

The Second Prize

作品名称

《乐叙空间——都市缓释空间设计》

院校
四川美术学院

作者姓名
段梦秋、杜泓佚

指导老师
黄红春

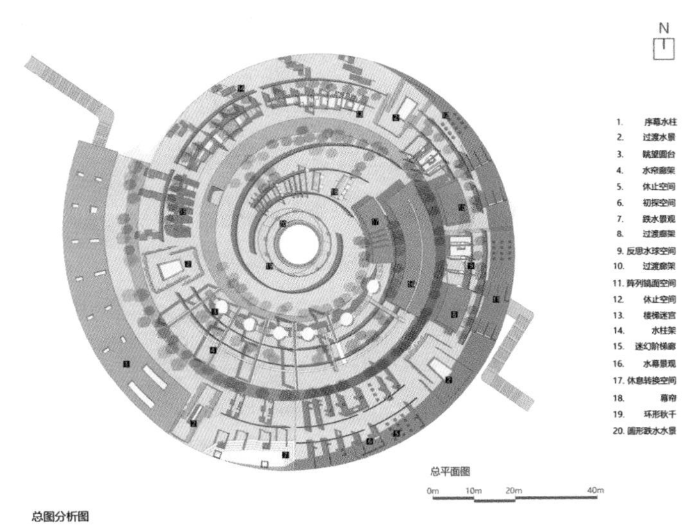

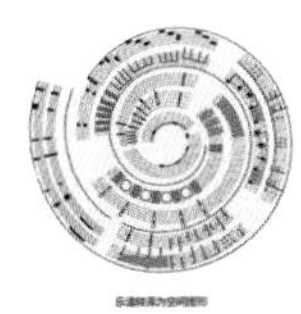

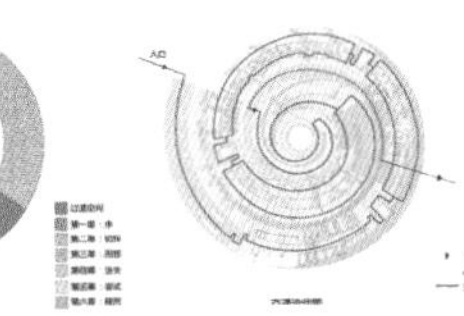

都市缓释空间设计

“生活是一种存在
而人不只是一个‘理性的存在’。”

以都市缓释空间为叙事的载体，这种叙事性在于让人“抽离”现实生活，将人置身于现实与叙事之间，将人作为沟通二者之间的“精神”媒介，通过与场地对话的方式去饭馆所处的现实生活，再以思考的“行为”回归现实，基于对音乐转译叙事景观的研究，我们选取了电影《黑天鹅》中的《Nian’s Dream》和The Room of Her Own》两首配乐中最能体现主人公情绪转变的7个关键片段作为空间转译的依据。结合音乐与电影叙事方式去展现一个全新的精神互动空间。并将截取的片段音乐通过“空间重组”的形成全新“幻想曲”空间来反观现实。

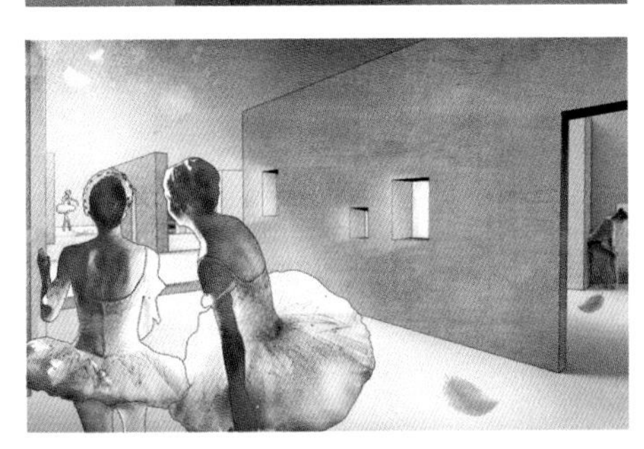

二等奖

The Second Prize

作品名称

《生长的城市》

院校	作者姓名	指导老师
西安美术学院	韩玉娟、孙晨、孙彤、吕家婧	孙鸣春、李媛

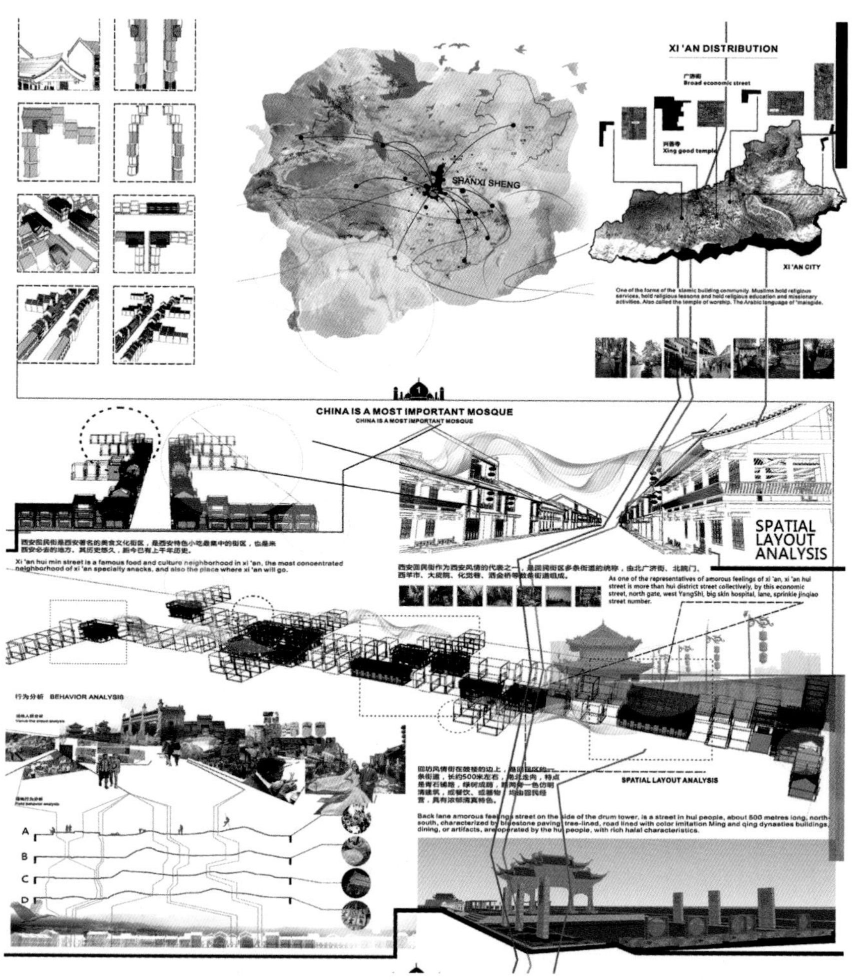

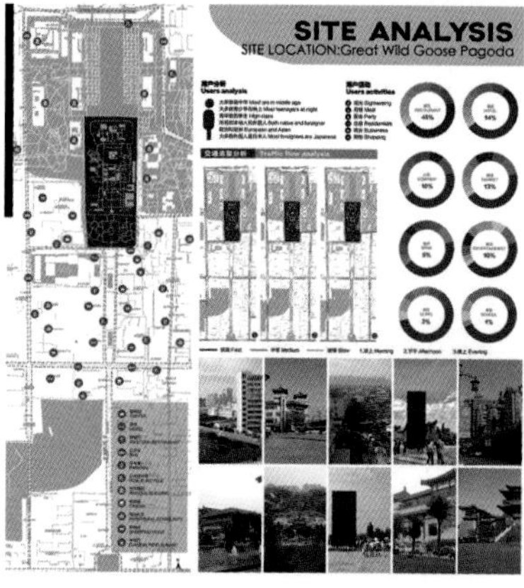

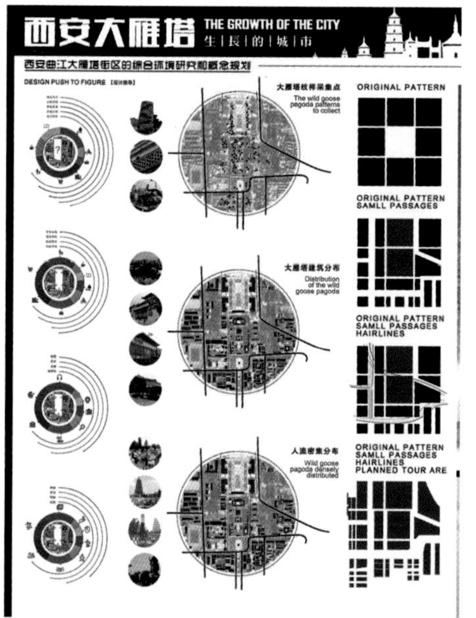

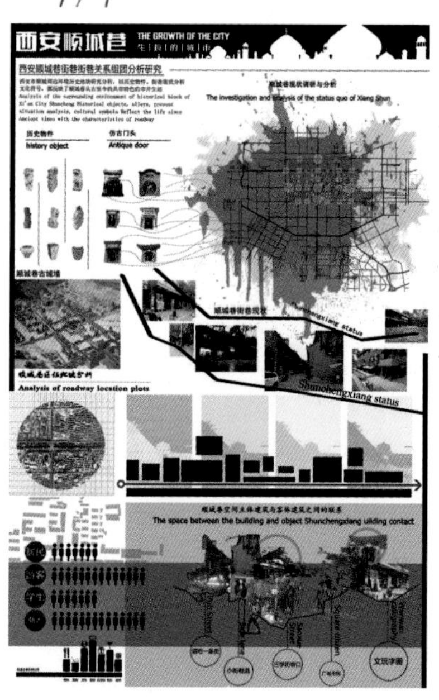

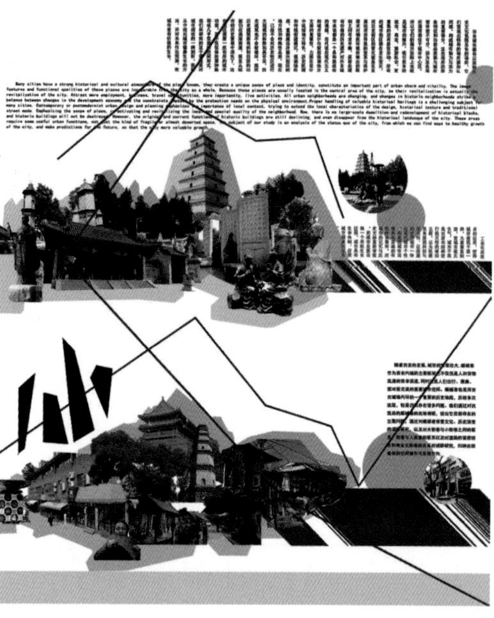

二等奖

The Second Prize

作品名称

《过去与现代的对话：望京当代艺术中心综合体》

院校	作者姓名	指导老师
天津美术学院	刘竞嶷、刘姝辰	王强、鲁睿

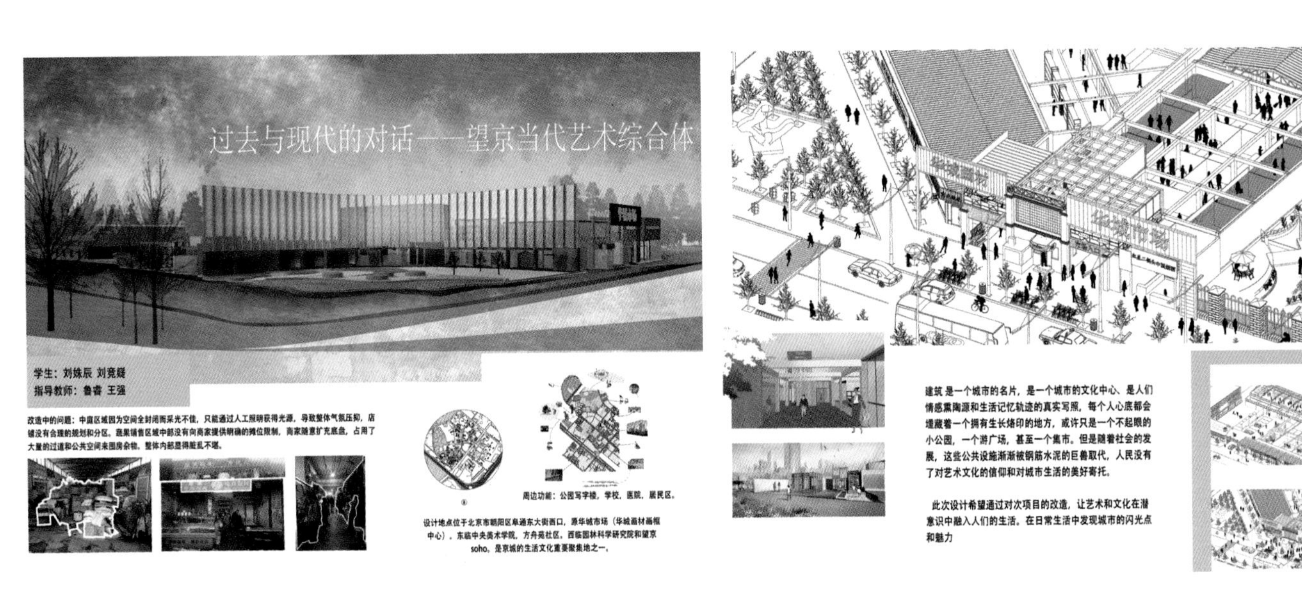

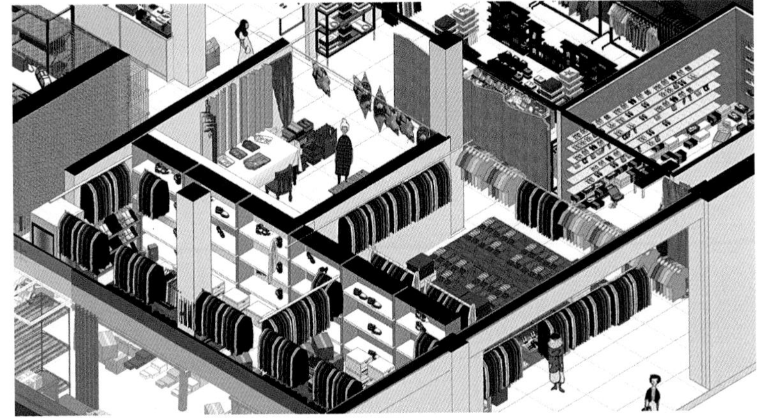

二等奖

The Second Prize

作品名称

《管社山南麓滨湖文化景观建筑设计》

院校

江南大学

作者姓名

刘擎之

指导老师

史明

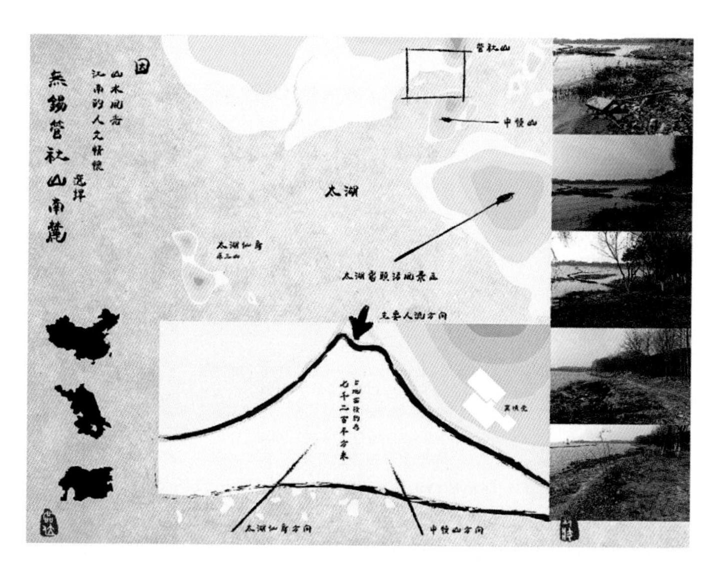

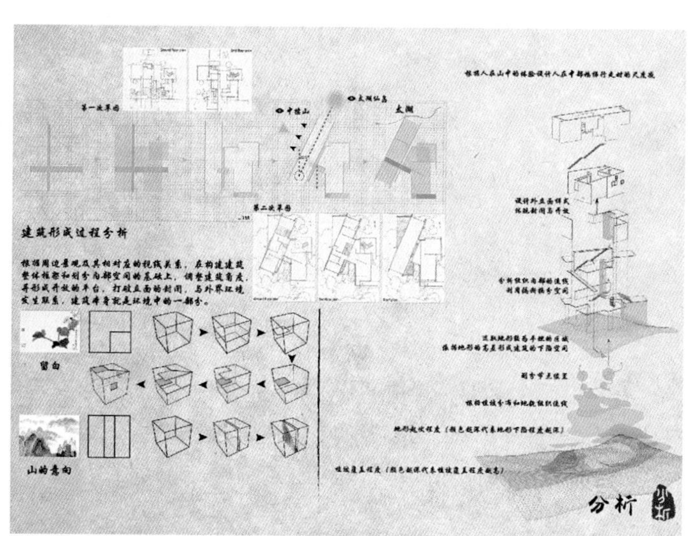

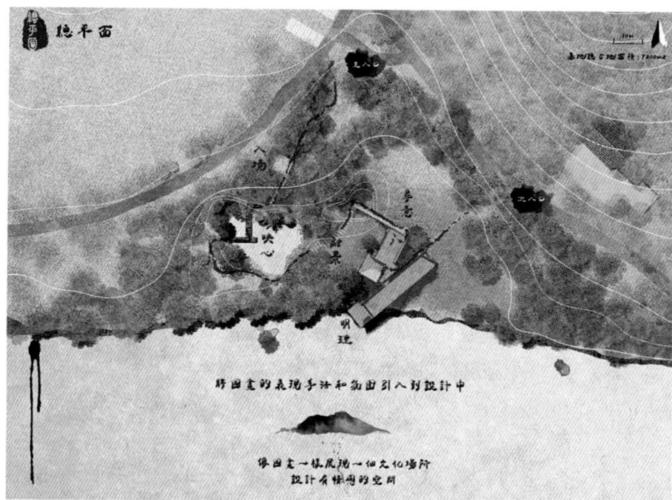

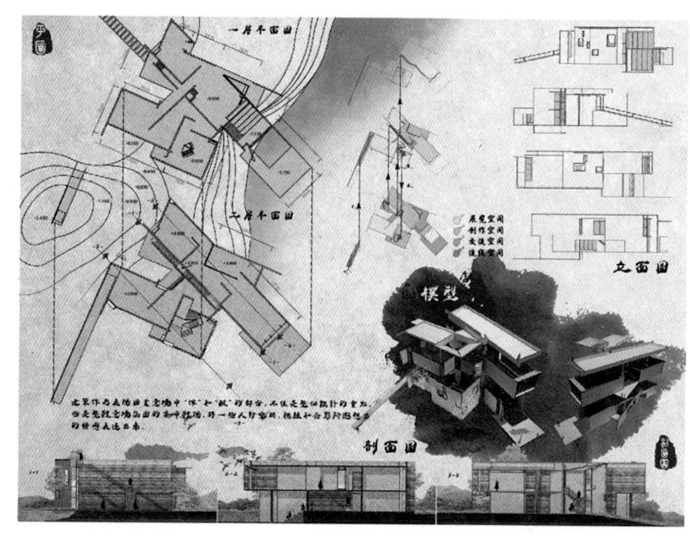

二等奖

The Second Prize

作品名称

《山东淄博杨家庄村友尚驿酒店设计》

院校	作者姓名	指导老师
山东建筑大学	李雁杰、高鹏	马品磊

二等奖

The Second Prize

作品名称

《寻 · 文化博物馆建筑设计》

院校

广西艺术学院

作者姓名

刘素芳、蒋玉充、杨悦

指导老师

陶雄军

设计理念

整个建筑朝向采用东南朝向的吉祥布置，建筑的设计理念由大龙口村的文脉与环境与乡愁记忆结合。采用乡村建筑的符号，用“龙脊之象”的寓意使整个建筑形式形成盘龙腾空之势。整个建筑前方围合成一个公共广场，与水边的景观形成一条轴线，使得建筑气势辉煌宏伟，而不失乡村美感。充分突出乡愁记忆馆的情感。色调采用灰白色调，灰色瓦顶，与马头墙装饰相结合，建筑采用节奏与序列的美感，来呈现吉祥之寓意。建筑墙壁饰上，滨海乡村，海洋文化等使建筑空间交流流线顺畅。

该建筑分为五个展厅空间，采用龙文化“九五之数”的建筑尺度模数，形成四个内部庭院，象征着四季风调雨顺，正中央的主体建筑采用面宽24米，寓意24节气，充分体现了乡愁记忆与中华文化脉络。建筑依形就势，从水面到建筑平面分为三个平台的递增，寓意连升三级，形成步步高的意向。

本方案充分吸纳了当地村民的意见，考虑了各种实用性与功能性的相结合，因地制宜，打造一个别具一格的乡愁记忆馆。

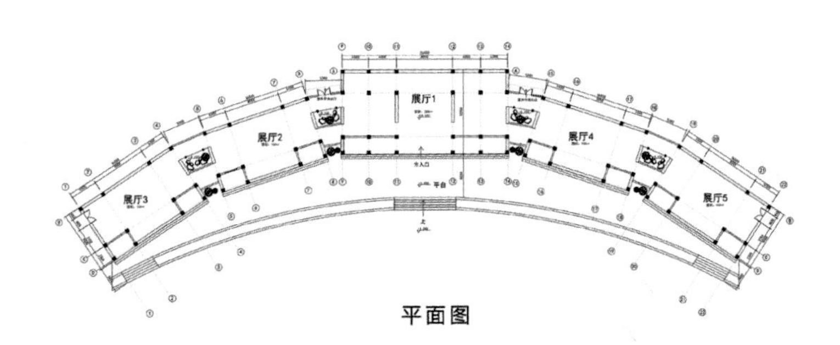

平面图

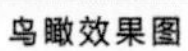

鸟瞰效果图

侧面效果图一

侧面效果图二

正立面效果图

二等奖

The Second Prize

作品名称

《山里的守望者——钦州市灵山县大芦村公共空间设计》

院校

广西艺术学院

作者姓名

梁淑怡、龙翔、姚伟平

指导老师

莫敷建

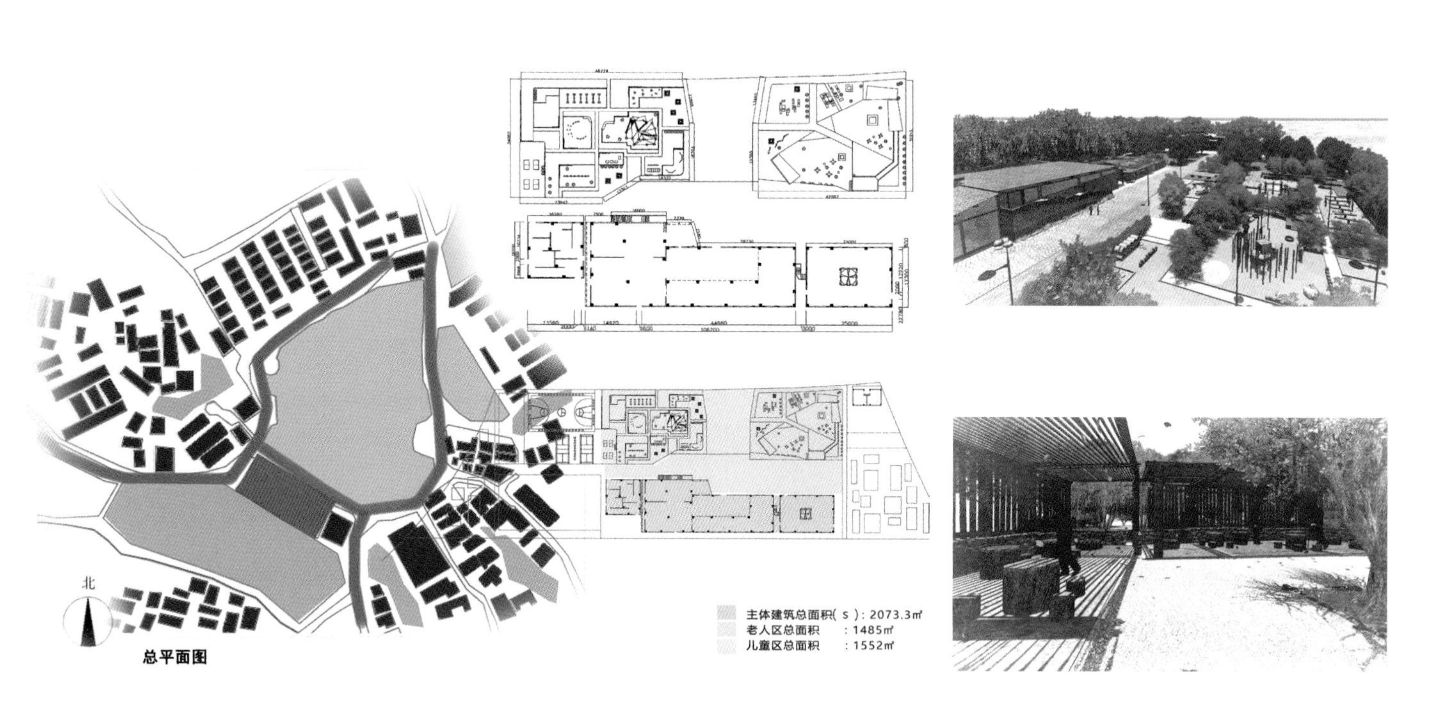

三等奖

The Third Prize

作品名称

《对酒当歌人生几何》

院校	作者姓名	指导老师
广西艺术学院	曾睿	黄文宪

设计背景

南丹县，隶属广西壮族自治区河池市，位于广西西北面，总面积3916平方公里，辖8镇3乡，有壮、汉、瑶、苗、毛南、水、仫佬等23个民族，总人口27.6万。南丹是是历史上的“兵家喉地”，桂、黔、川交通的重要枢纽，位于西南公路210国道和黔桂铁路交叉点上。南丹历史悠久，宋置南丹州，明复南丹州，清称南丹土州，民国7年改州置县至今。南丹冬无严寒、夏无酷暑，年均气温16.9℃。

丹泉酒业位于广西西北、云贵高原南麓，地处北纬25-29°、东经104-107°之间，这是一个浑然天成的自然名酒带，以云贵高原为中轴线，丹泉产地南丹县刚好与贵州仁怀对折重合，高度相仿的地貌与气候特征，形成了同样相似的酱香白酒酿造生态环境。

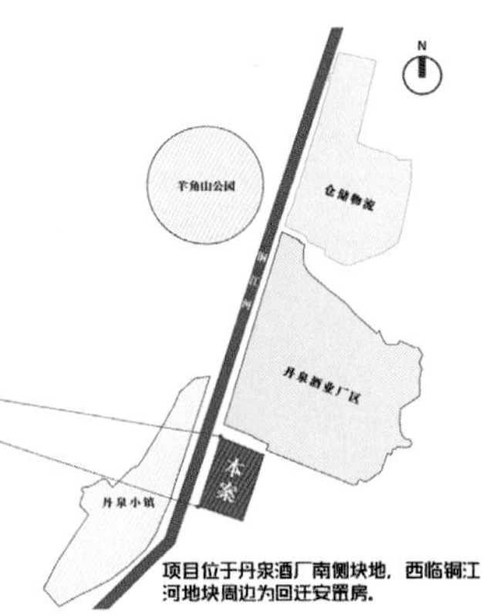

项目位于丹泉酒厂南侧块地，西临铜江河地块周边为回迁安置房。

设计理念

此广场设计以丹泉酒文化为主题，结合“流水曲觞”的设计概念，涟漪为元素于地面铺装，舞台两侧设有可供休息的长廊，广场两侧则以飘逸的既类似书法笔划结合龙的造型设计了弯曲水渠，它从源头石堆中流出而流入青铜鼎之中，预示着丹泉酒所用之水取自泉水之意。丹泉酒以洞藏为出名，所以在舞台背景墙上以山为造型，山下“洞藏”丹泉酒，为突出酒器的特点则在舞台前两端的青铜尊、爵、鼎等雕塑，以及表达“酒魂剑胆”的创意广场照明酒爵灯。

在整体上以人为本的指导思想，强调结合民族文化地方特色，满足人们日常对于广场的需求性、安全性、和经济性，创造一个布局合理、功能齐全、交通便捷、旅游休闲、环境优美的丹泉广场。整个设计充分利用周边环境，积极营造人、建筑与自然之和谐统一的空间设计，舞台背景墙既表达了了广场主题还美化了后面的建筑..

设计元素

流水曲觞

青铜鼎

酒尊

洞藏酒

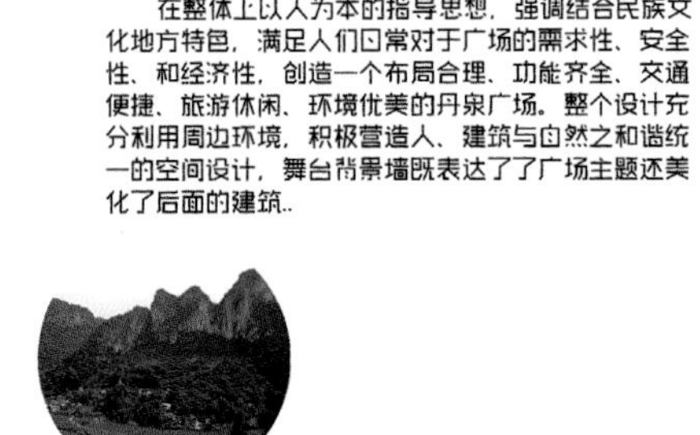

南丹山川

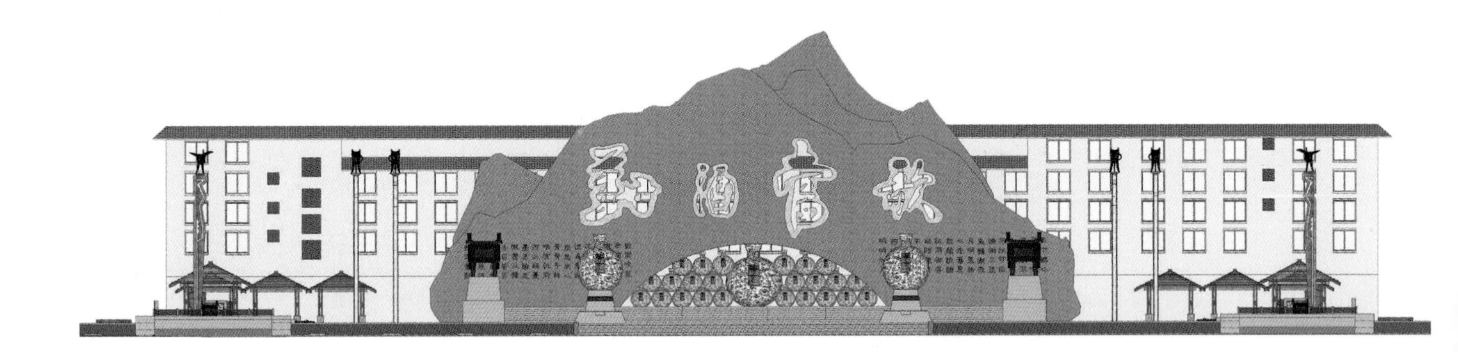

三等奖

The Third Prize

作品名称

《“文乐楼”社区中心》

院校	作者姓名	指导老师
广西艺术学院	毛华璞、苏丽莹	莫敷建、彭婷

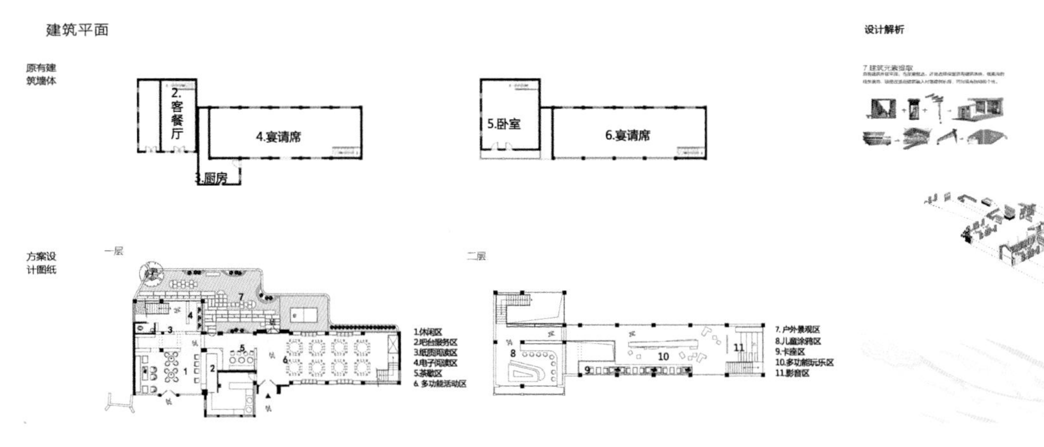

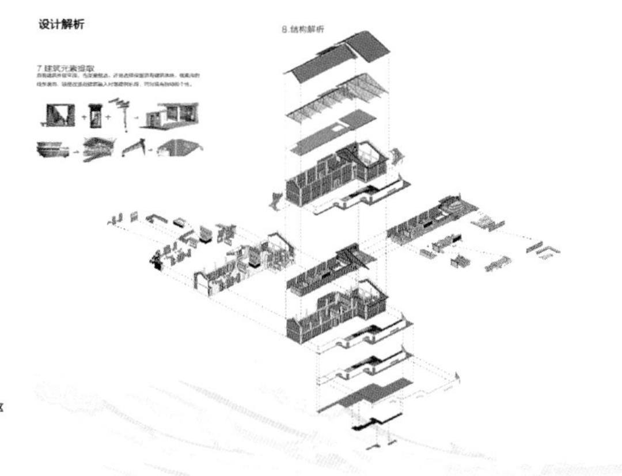

三等奖

The Third Prize

作品名称

《夯土再生——"同居式"宜老空间设计》

院校	作者姓名	指导老师
四川美术学院	张鹏飞 、李亮	许亮

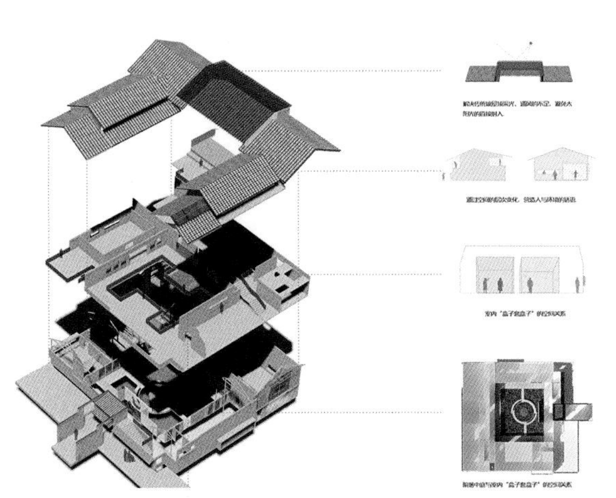

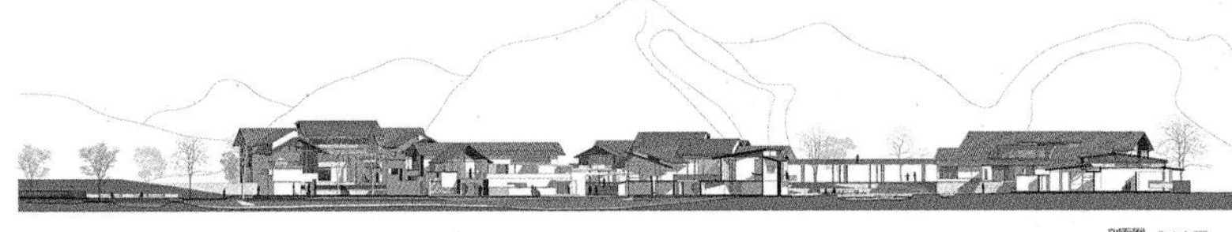

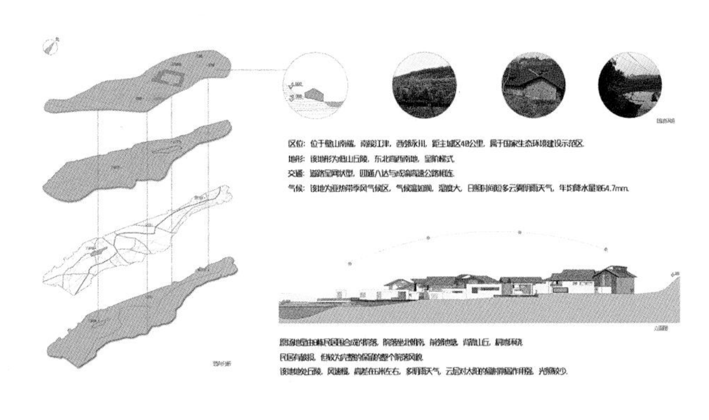

整体模型展示图

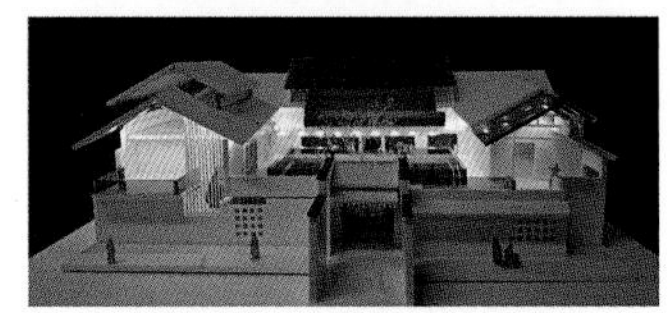

三等奖

The Third Prize

作品名称

《组合式·集装箱·空间——为农民工而设计》

院校	作者姓名	指导老师
四川美术学院	郑渊渊	张倩

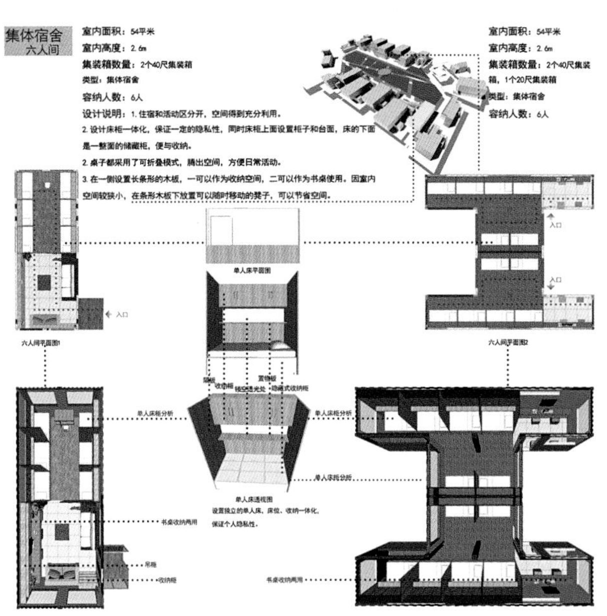

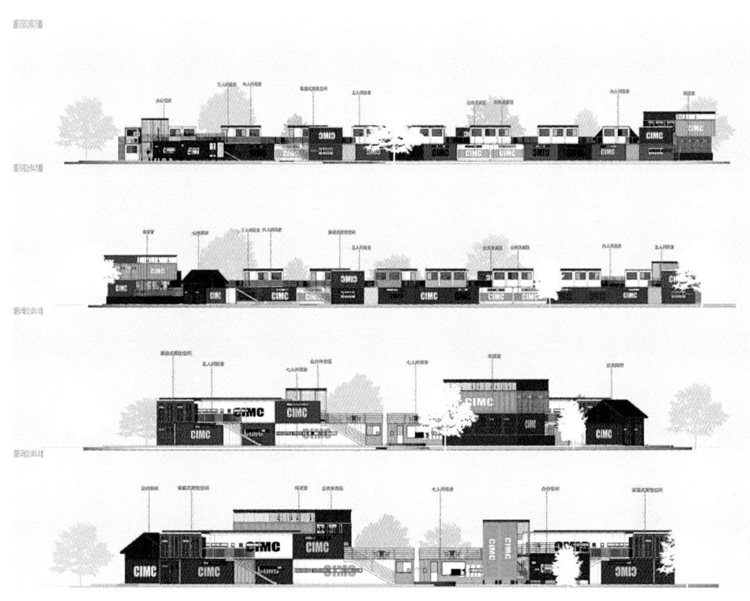

"互动式"住宅空间

空间形态分析

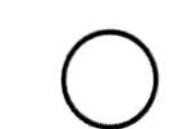
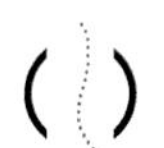

设计灵感："O"封闭的个人空间 Design inspiration

设计推导：开放性、活动性 Design derivation

设计延伸：组合性、私密性 Design extension

设计延伸：交叉性、互动性 Design extension

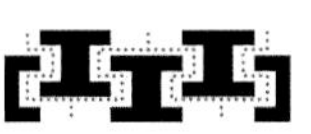

组合 Combination

重构 Refactoring

空间形态 Space form

组合式·集装箱·空间——为农民工而设计。针对的是在城市当中打工的、没有自己的住房、以农民工为首的务工人员。设计首先要解决"私密性"问题，其次是"公共性"、"互动性"的问题。由一个代表封闭的空间"O"引申，象征此次设计希望每个人都可以有自己的私密空间。在此基础上打破变成"( )"，代表不仅有私密空间，还可以有互动、交流的空间。使用材料是方形的集装箱，所以又演变为"[ ]"，代表"围合"、"融合"，同时也代表着每一个居住者都最后确定为错位式的布局"[ȷ"，像一个"互"字，在拥有私密性的基础上，又增加了一些互动性，也加强了空间之间的流动性。这个设计的目的是希望集装箱作为主要材料的房屋不仅仅是单独的个体，而是既可以有个人空间又可以是"融合"的、"互动"的一个空间。

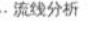

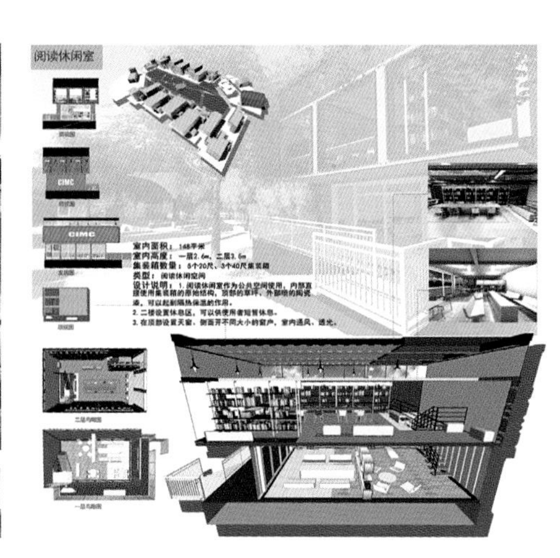

三等奖

The Third Prize

作品名称

《古邑桃源》

院校

西安美术学院

作者姓名

杜沁容、郭梦瑶、汪心怡、邱露莹

指导老师

华承军

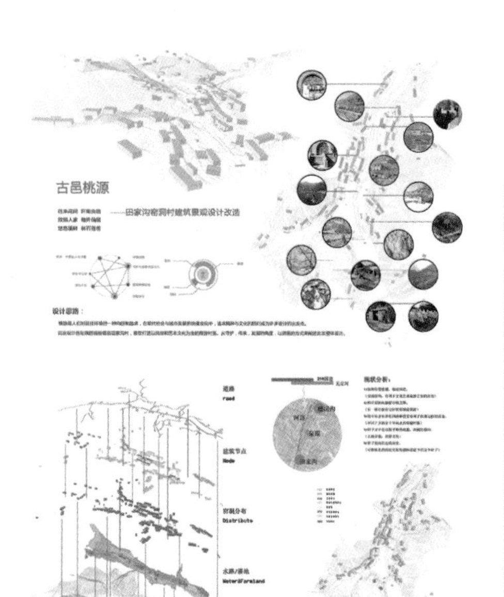

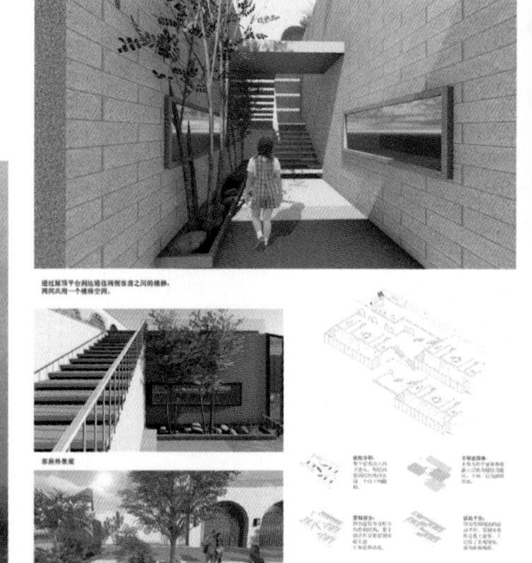

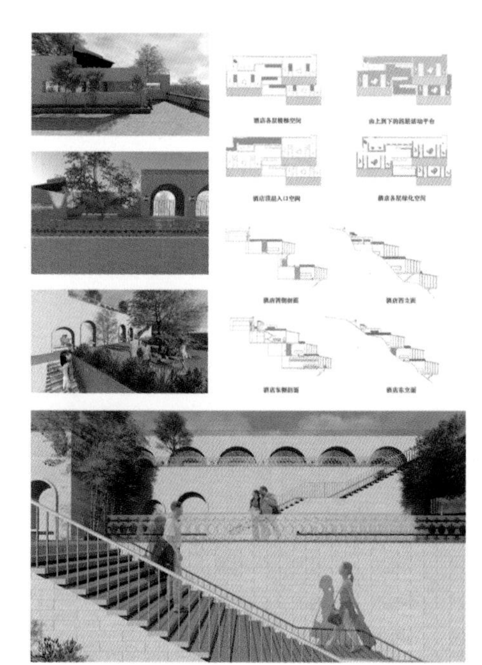

三等奖

The Third Prize

作品名称

《族谱·生命印迹》

院校	作者姓名	指导老师
西安美术学院	赵奕深、时俊璠、李盼、刘思祎	濮苏卫、翁萌

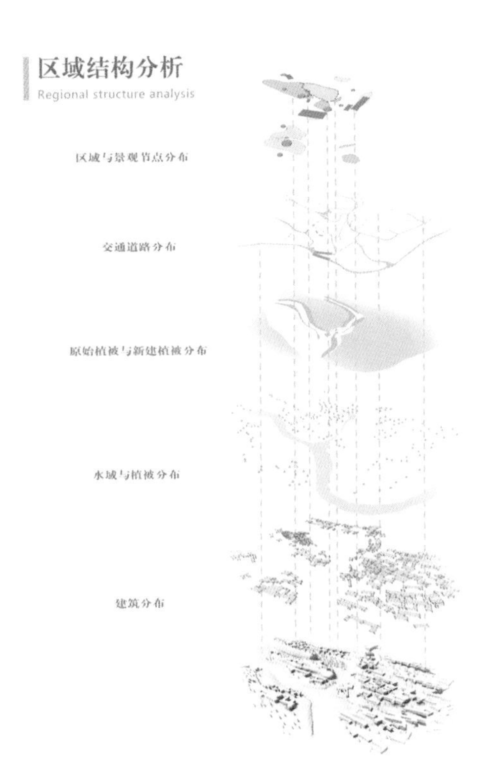

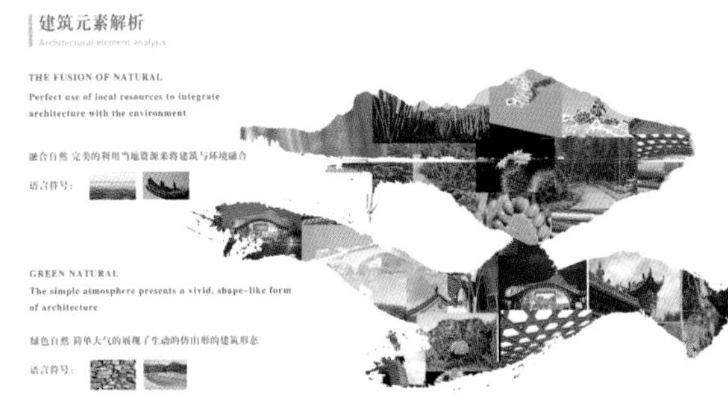

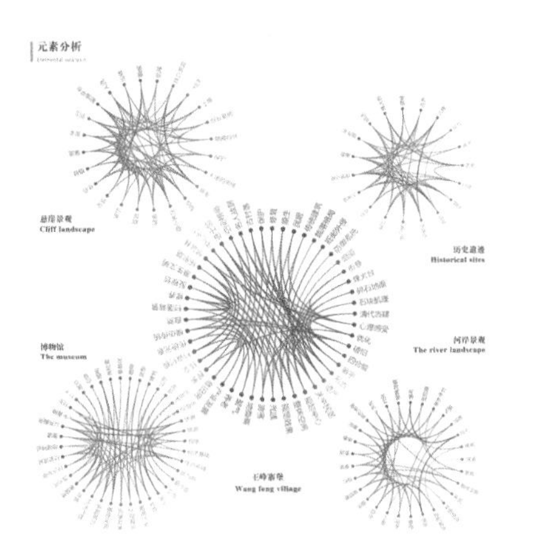

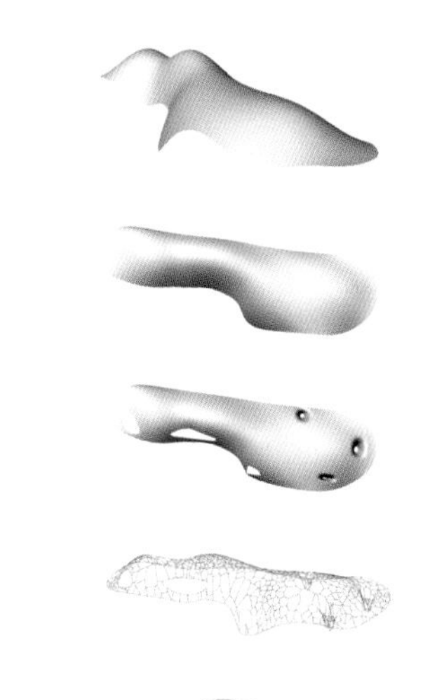

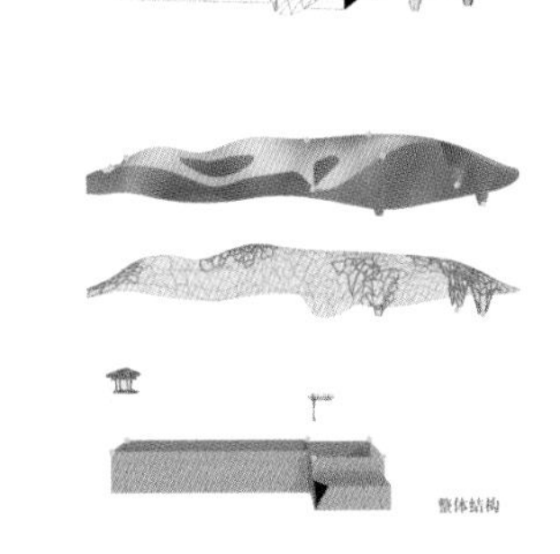

三等奖

The Third Prize

作品名称

《营造琐记——李诚纪念馆》

院校

天津美术学院

作者姓名

隋守旭、万修远

指导老师

赵迺龙、孙奎利

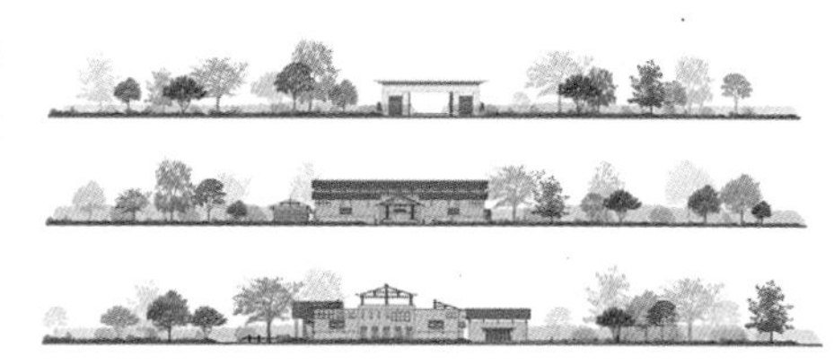

三等奖

The Third Prize

作品名称

《营造 · 乡村 广西壮族自治区鼓鸣寨树石手工艺民俗馆及村口景观设计》

院校	作者姓名	指导老师
天津美术学院	刘欢宇、黄汇源	彭军、高颖

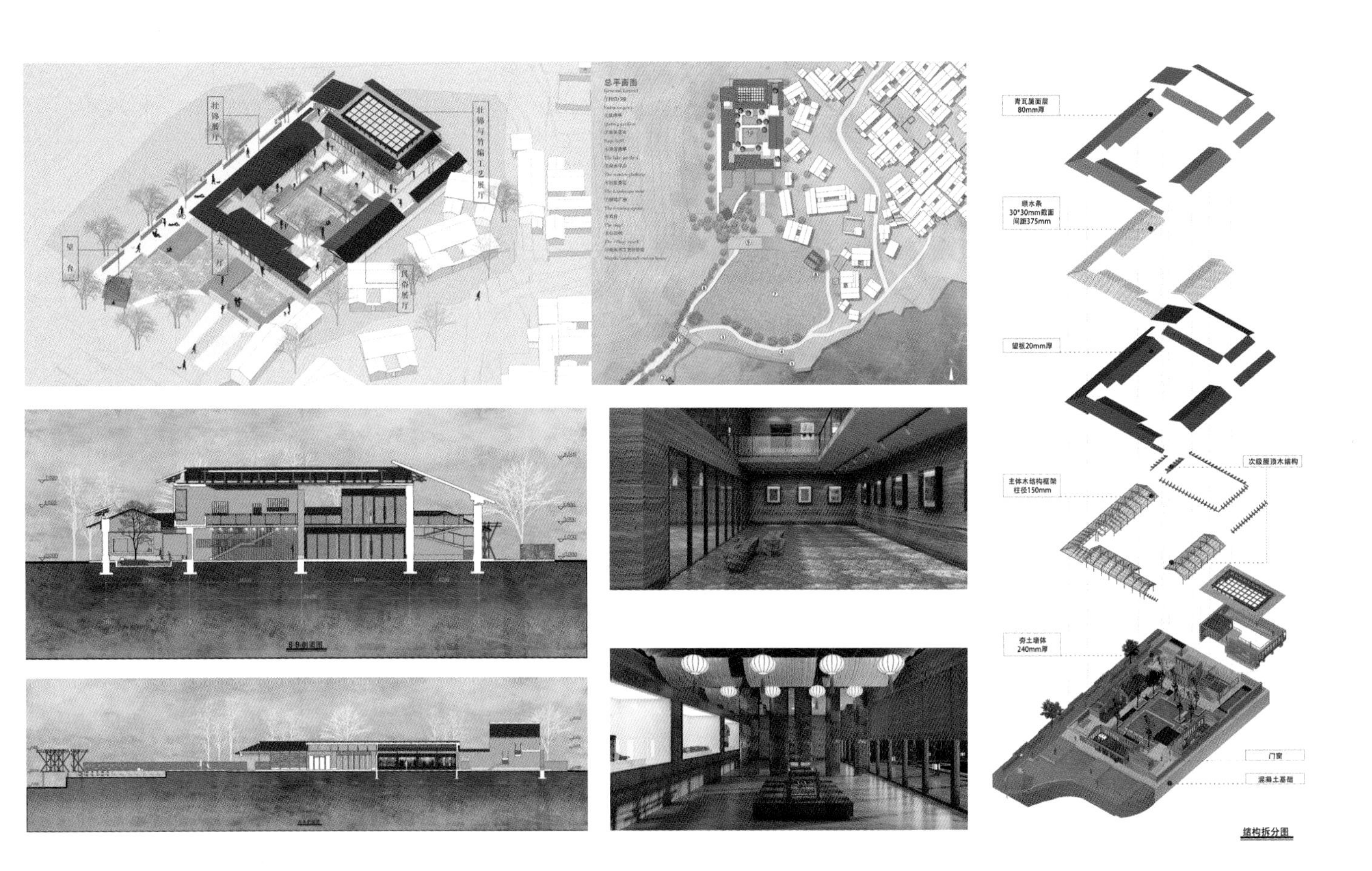

三等奖

The Third Prize

作品名称

《万里茶道——武汉港历史文化码头设计》

院校	作者姓名	指导老师
江南大学	王舸欣、刘越	周林

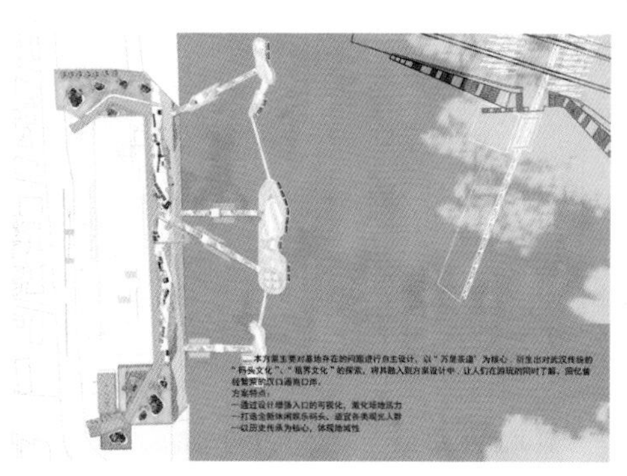

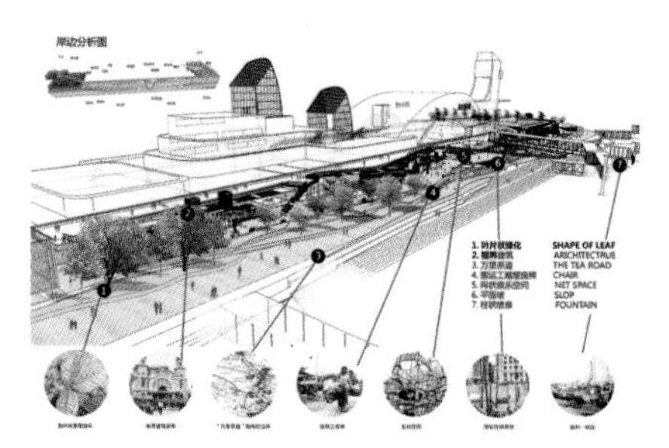

休息区效果图

搬运雕塑座椅效果图

三等奖

The Third Prize

作品名称

《青少年苗木科普馆环境设计》

院校

山东建筑大学

作者姓名

杨沫、吕淑聪、
张玉玉、赵亚

指导老师

薛娟

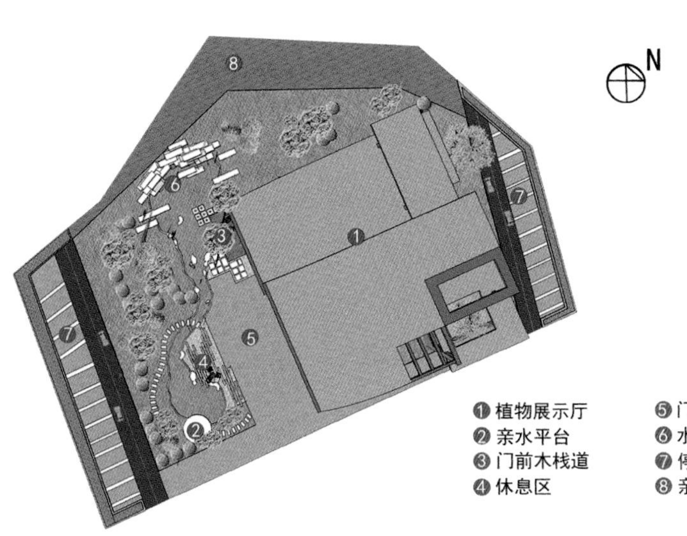

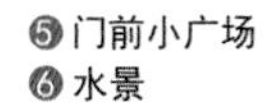
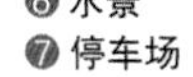
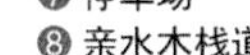

❶ 植物展示厅
❷ 亲水平台
❸ 门前木栈道
❹ 休息区
❺ 门前小广场
❻ 水景
❼ 停车场
❽ 亲水木栈道

三等奖

The Third Prize

作品名称

《自由玩——幼儿园方案设计》

院校

广西艺术学院

作者姓名

赵世文、顾敏瑶、徐思璇

指导老师

莫敷建、彭婷

三等奖

The Third Prize

作品名称

《“交融 · 共生”工业遗址改造设计》

院校	作者姓名	指导老师
山东建筑大学	张璐	马品磊

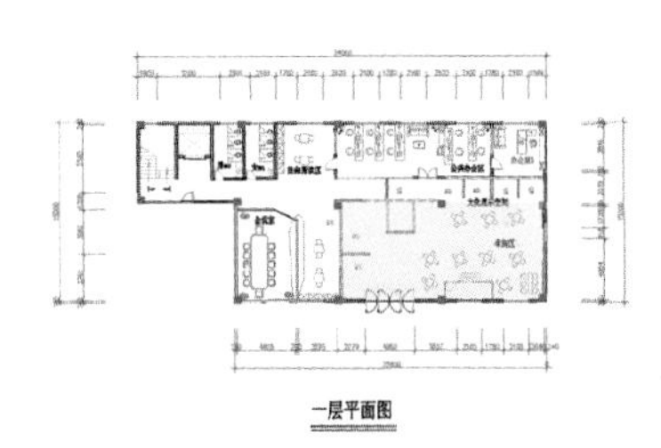

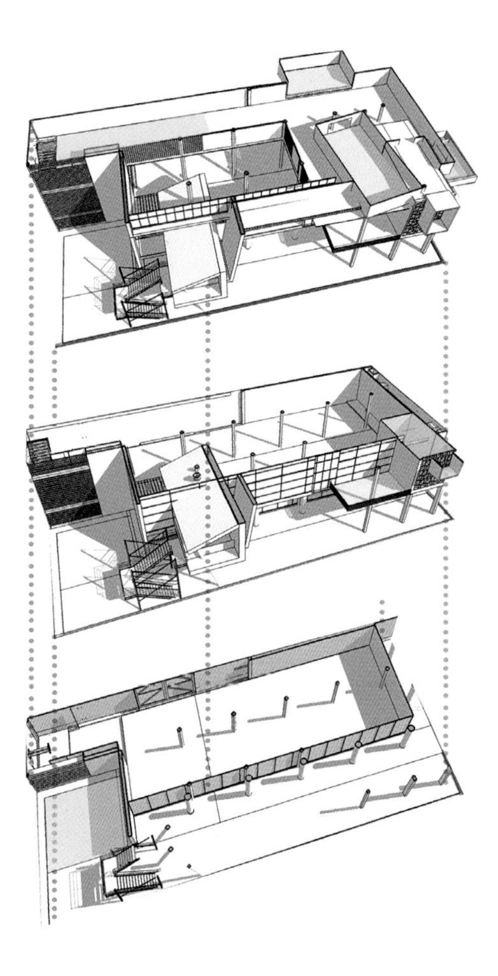

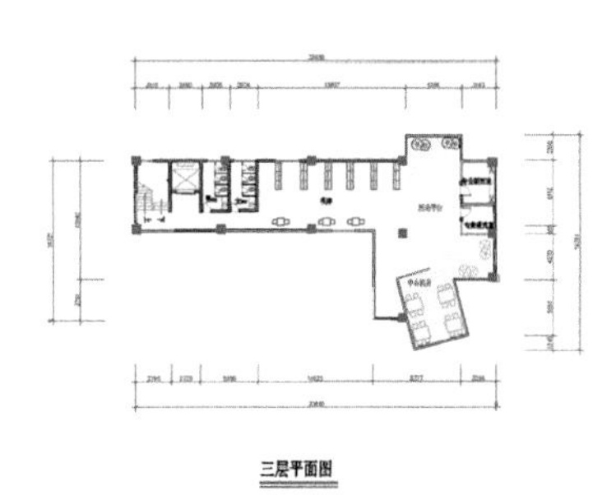

建筑设计类

Architectural Design

一等奖

The First Prize

作品名称

《遗记重构 民艺述说——凤翔民间艺术基地》

院校	作者姓名	指导老师
西安美术学院	鲁潇	周维娜

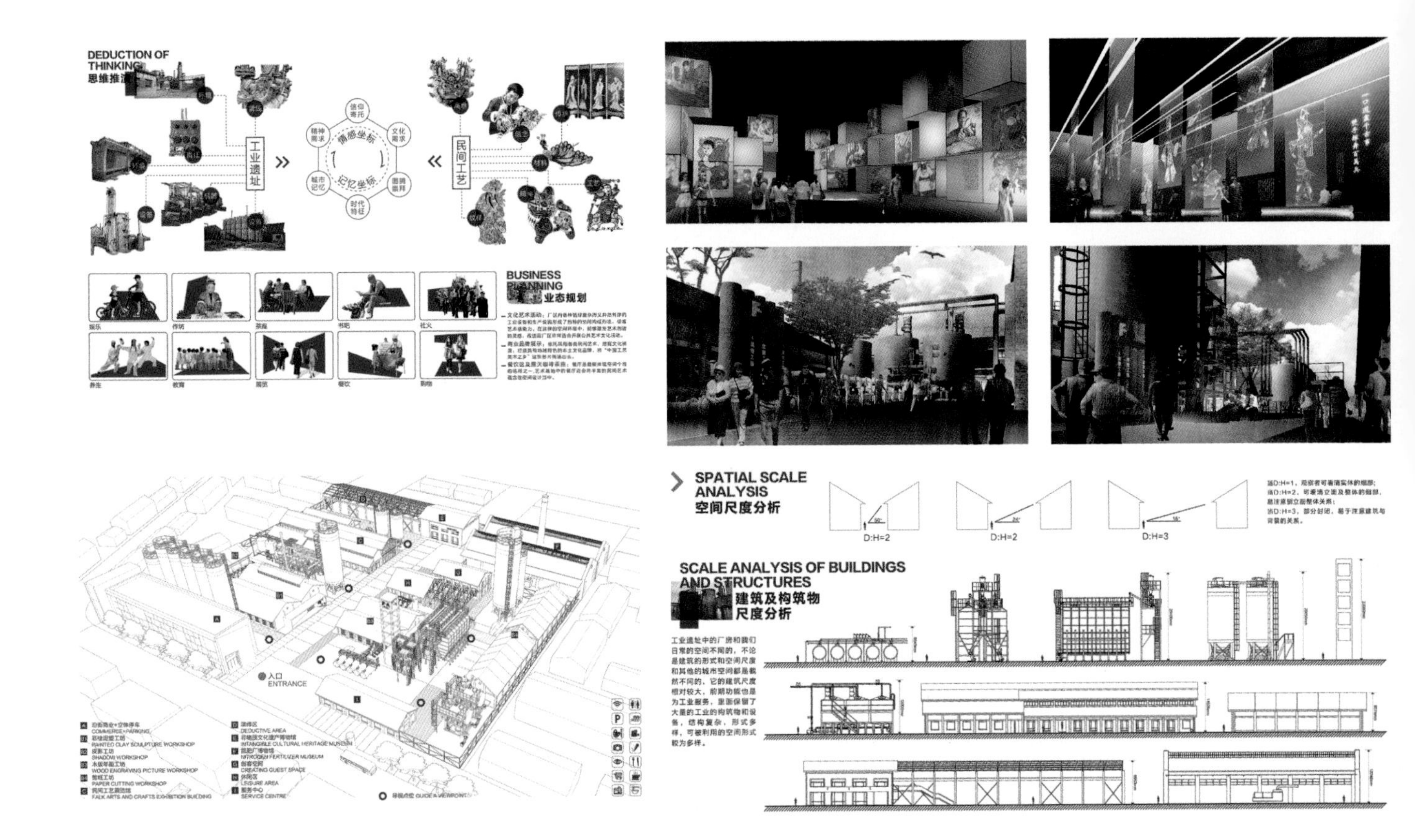

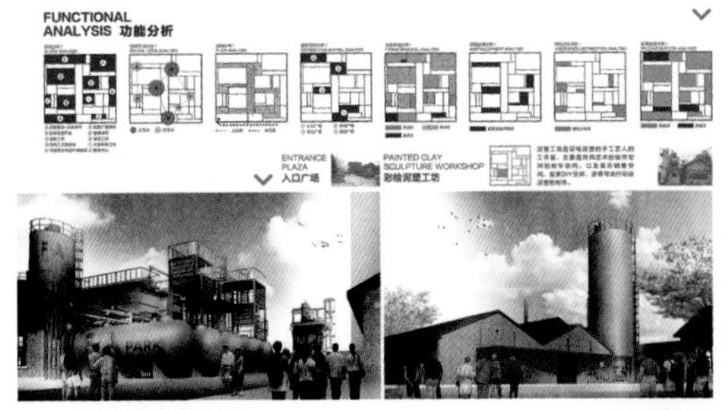

一等奖

The First Prize

▎作品名称

《Conscious Space》

▎院校

Silpakorn University
（泰国艺术大学）

▎作者姓名

Khemanon Pothita

▎指导老师

Associate Prof. Tonkao Panin, Ph.D.

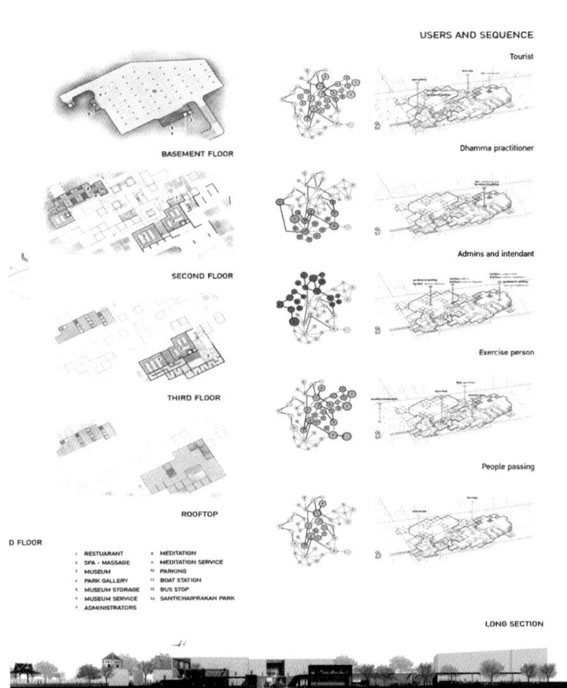

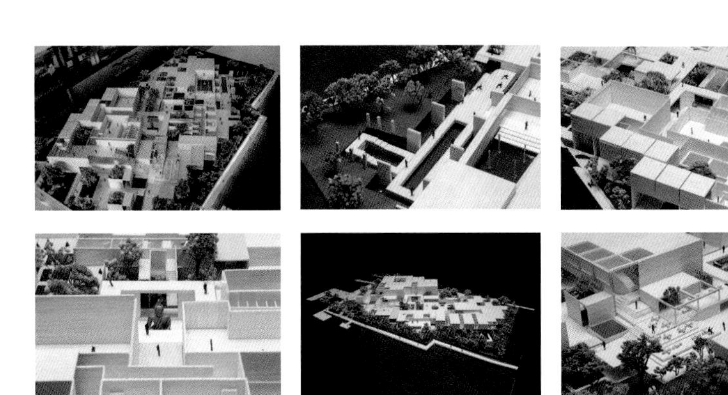

一等奖

The First Prize

| 作品名称

《花山下的守望者——花山监测保护工作站》

| 院校
广西艺术学院

| 作者姓名
李航

| 指导老师
玉潘亮

总平面图

为了尊重花山岩画本体和现存的环境,尽量淡化和隐藏建筑物主体,减少对遗址环境的视觉干扰，所以考虑弱化了工作站建筑的尺度感和减小建筑的体量。工作站建筑采用小体量分散式的布局，将工作站拆分为八个体量大小不一的分散单元，分散的各个单元沿着明江沿岸，有节奏的朝着明江从东北向西南的分布，分别与对岸的景区和东北方向的花山形成两条轴线；工作站以不同的形式围合成三个庭院。

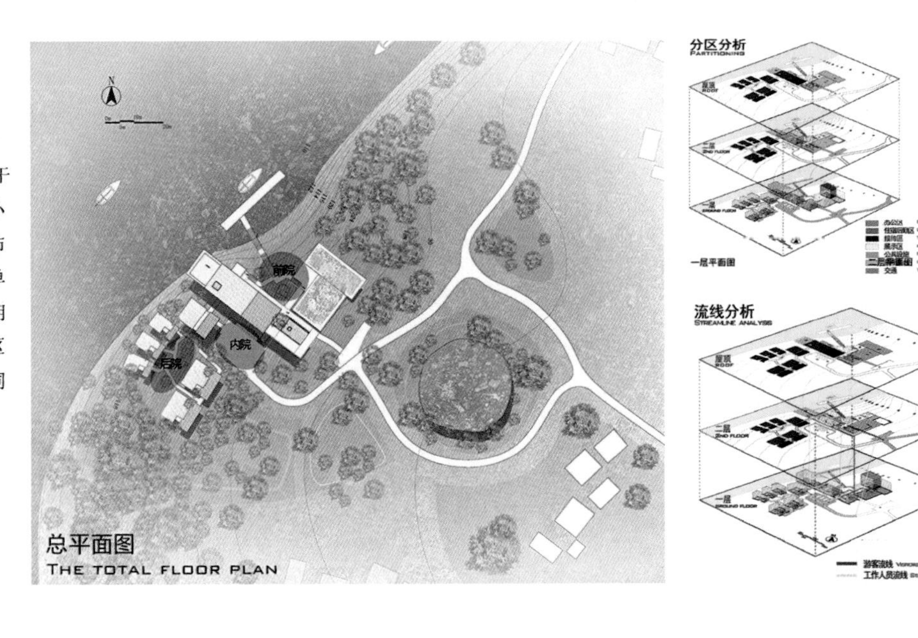

二等奖

The Second Prize

作品名称

《染——大理·周城白族扎染生活博物馆》

院校	作者姓名	指导老师
四川美术学院	段佳珮 、钱凯旋	黄红春

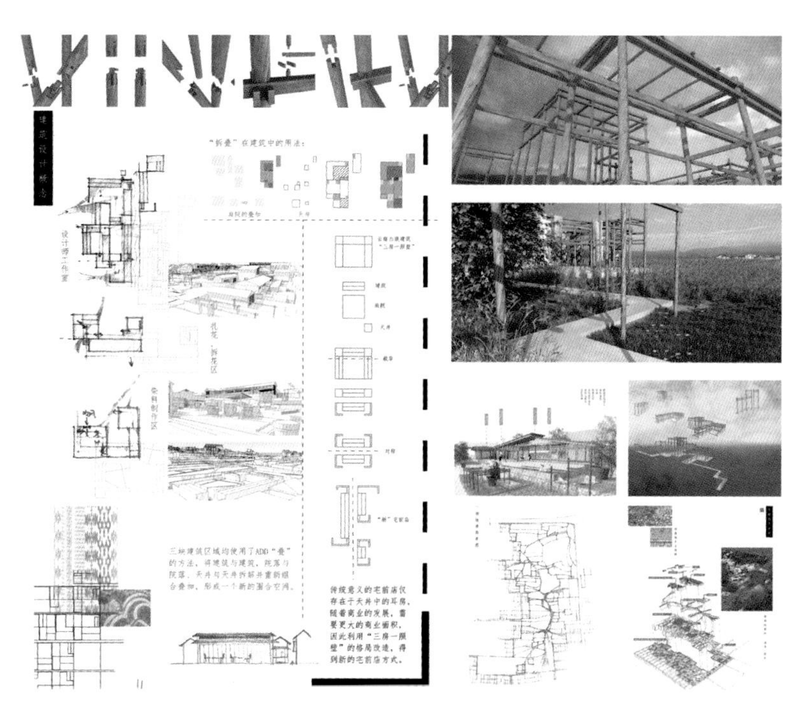

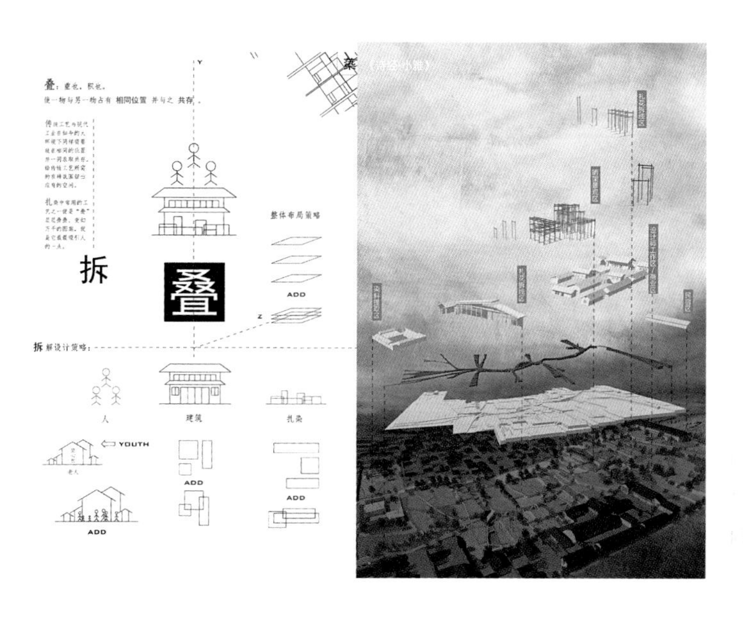

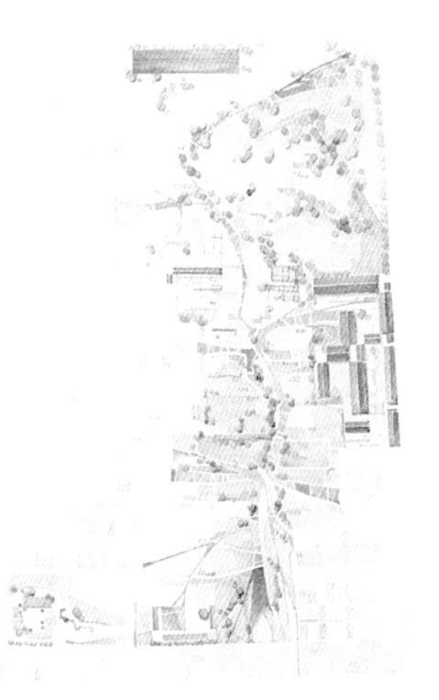

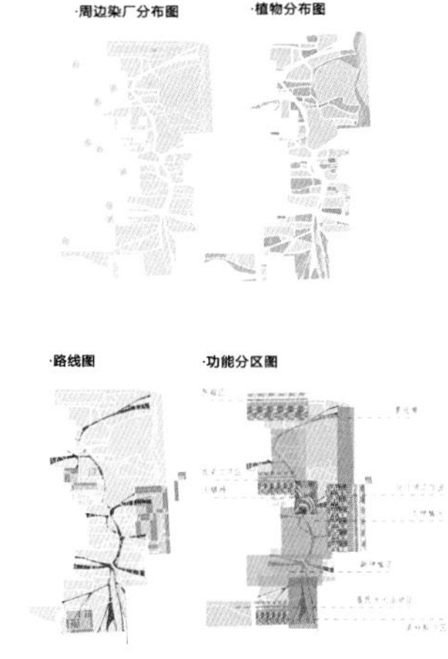

二等奖

The Second Prize

作品名称

《窥 · 境》

院校

西安美术学院

作者姓名

白恒、杨静、郝月明、王玺智、宫旭飞

指导老师

梁锐、王展

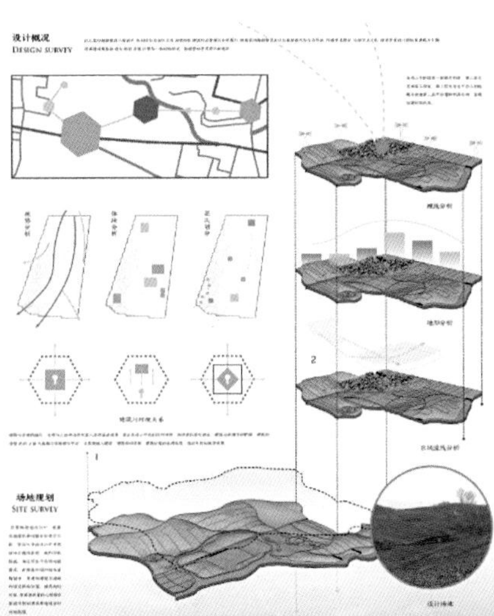

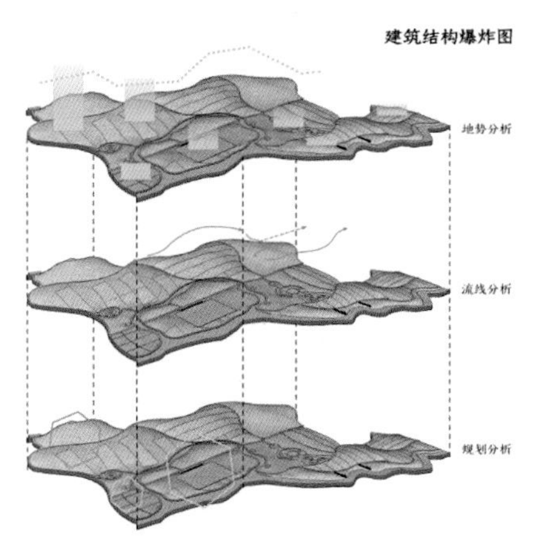

二等奖

The Second Prize

作品名称

《On the Way to Kakuma——卡库马难民营集市宗教设计》

院校
天津美术学院

作者姓名
陈玉梅、顾嘉琪

指导老师
彭军、高颖

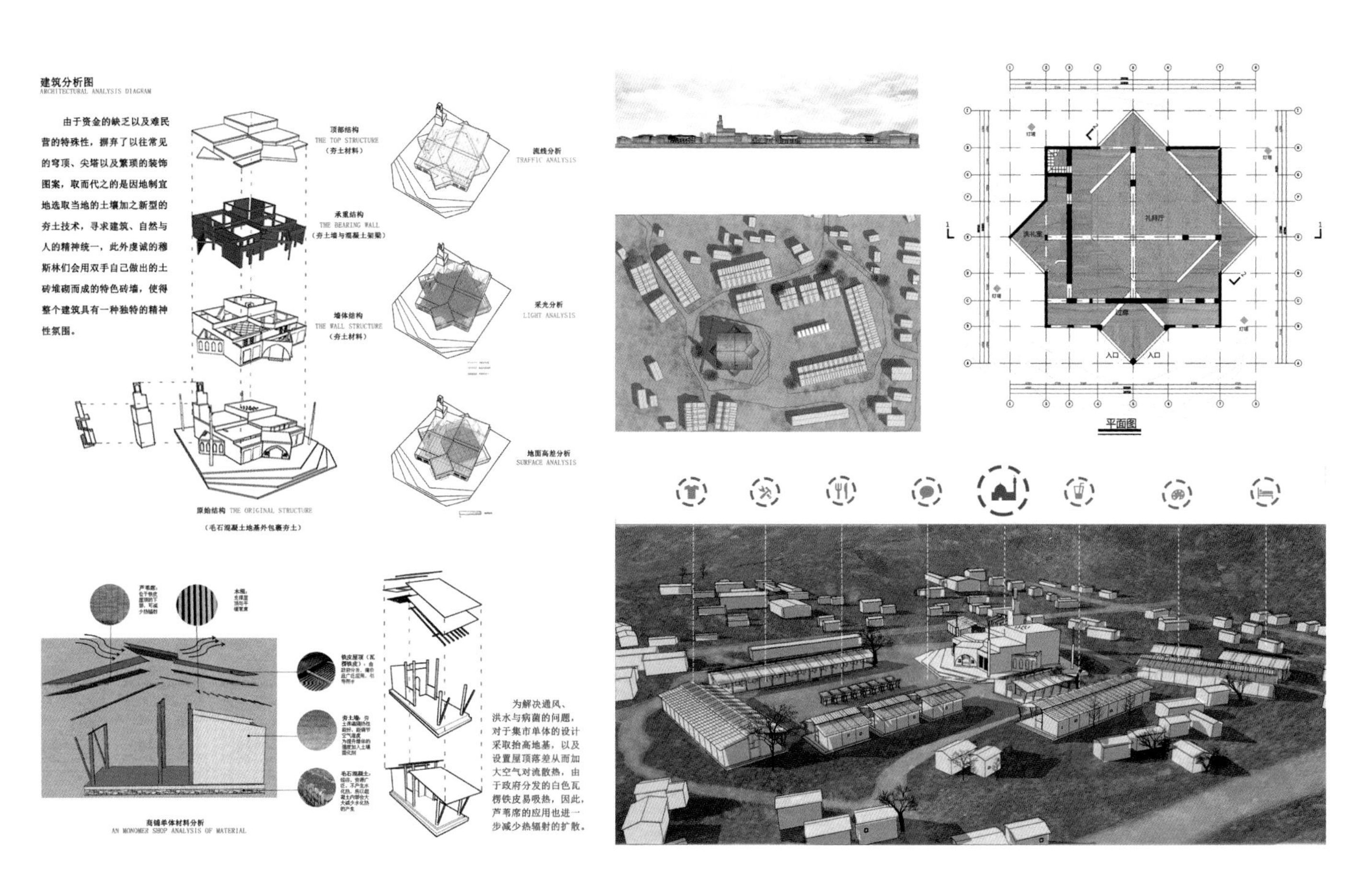

二等奖

The Second Prize

作品名称

《新 · 旧——瑞金西门口曲艺文化中心》

院校	作者姓名	指导老师
江南大学	杨米仓	史明

二等奖

The Second Prize

作品名称

《碰撞》

院校	作者姓名	指导老师
广西民族大学	刘斌	伏虎、邓雁

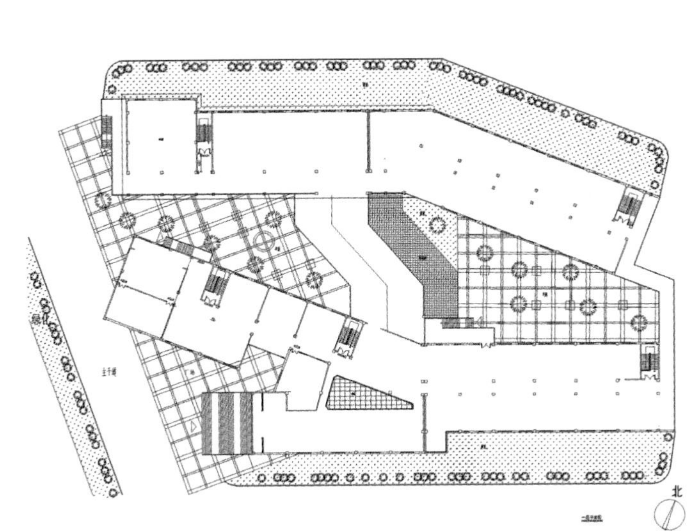

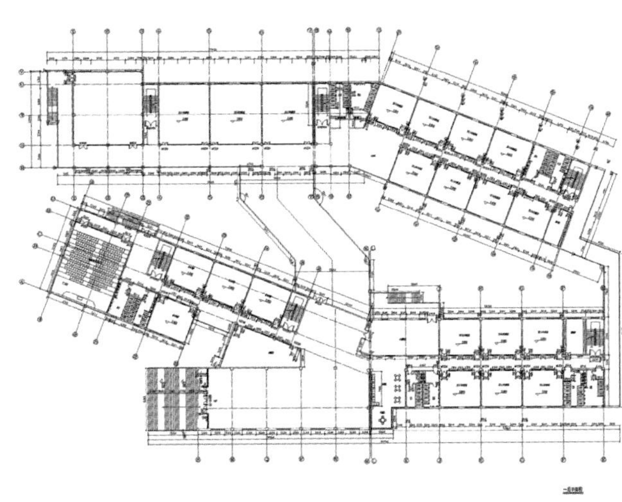

二等奖

The Second Prize

作品名称

《Thai Society in Vertical Living》

院校

Silpakorn University
（泰国艺术大学）

作者姓名

Chanakan Thipsang

指导老师

Associate Prof. Tonkao Panin, Ph.D.

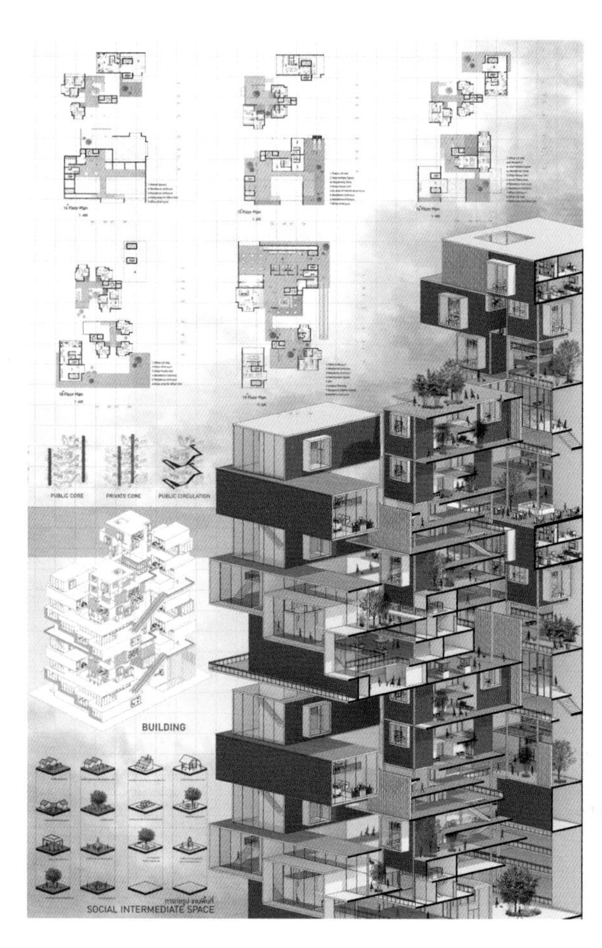

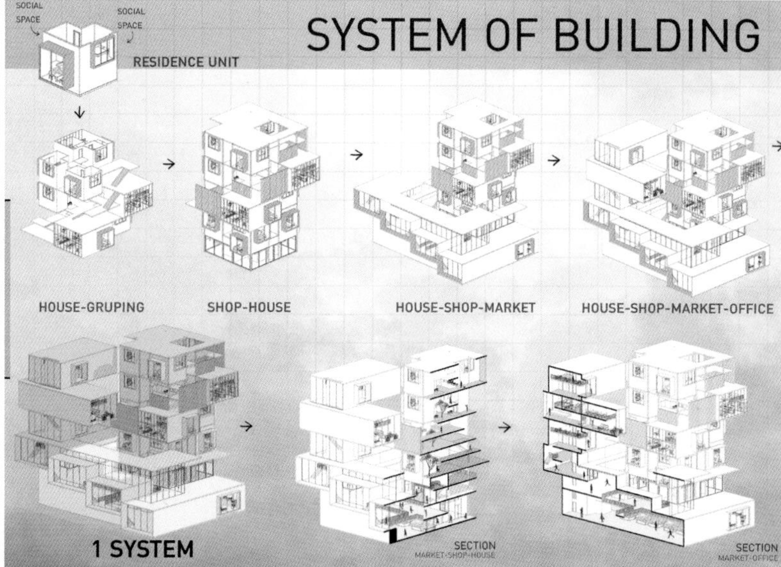

二等奖

The Second Prize

▍作品名称

《胶东半岛海洋文化展馆设计》

▍院校	▍作者姓名	▍指导老师
山东建筑大学	代泽天	薛娟

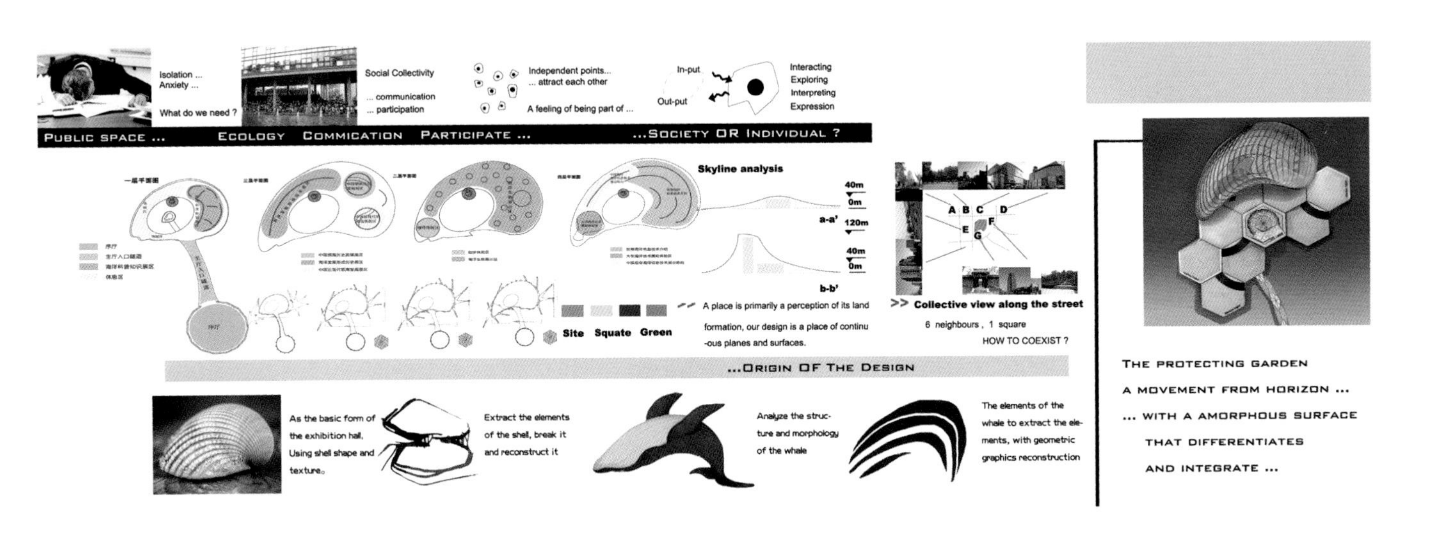

三等奖

The Third Prize

作品名称

《穿越·地缘 潍坊市奎文图文信息中心设计》

院校

山东建筑大学

作者姓名

赵亚、马亚丽、王长鹏、
张玉玉、吕淑聪、杨沫

指导老师

薛娟

正立面图

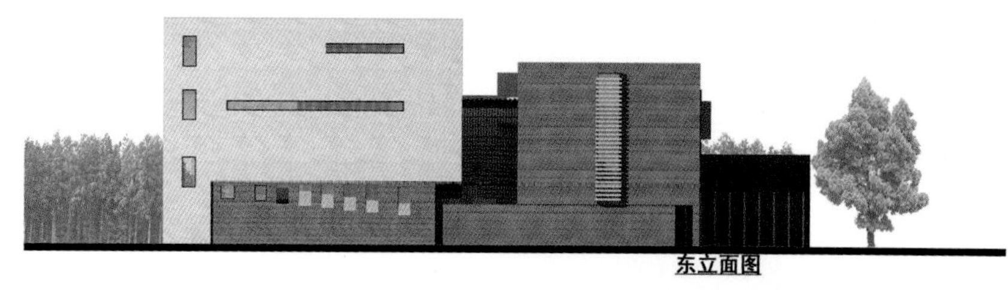

东立面图

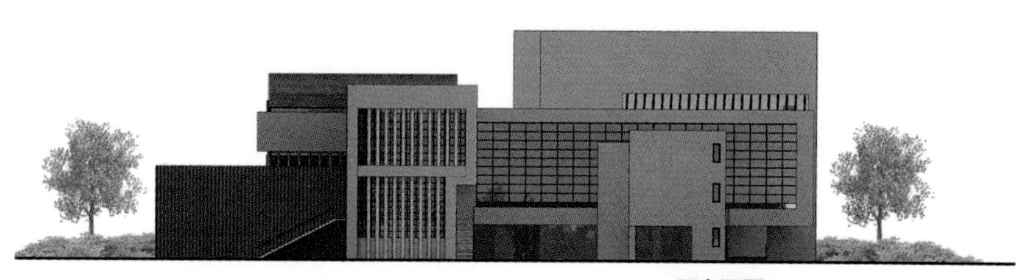

西立面图

三等奖

The Third Prize

作品名称

《多维度远山》

院校

西安美术学院

作者姓名

张露妍、耿奇伟、陈培一、王晓宇

指导老师

梁锐、王展

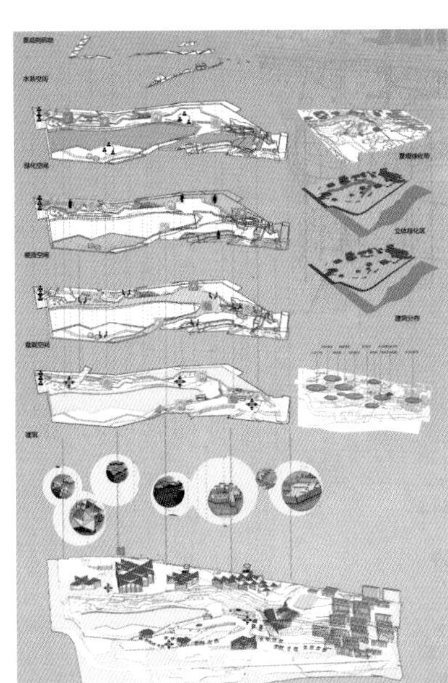

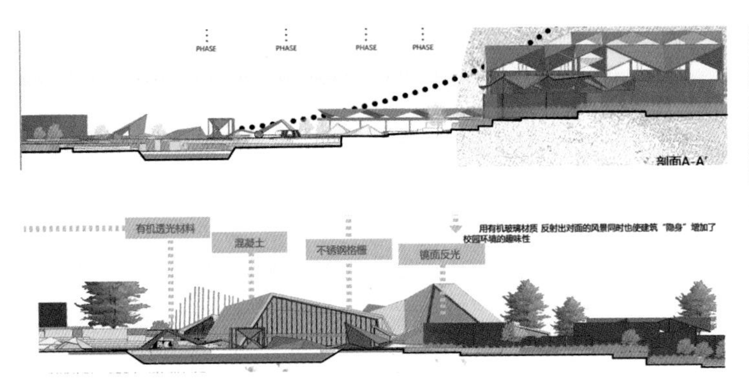

三等奖

The Third Prize

作品名称

《城中村·城中城》

院校

西安美术学院

作者姓名

赵崇庭、刘浩、柳倩、陈俊伟

指导老师

胡月文、周靓

The development model of a new type of urban village is proposed in the development of a kind of intervention city

一种新型城中村的发展模式的提出
一种介入城中村生长前期的设计

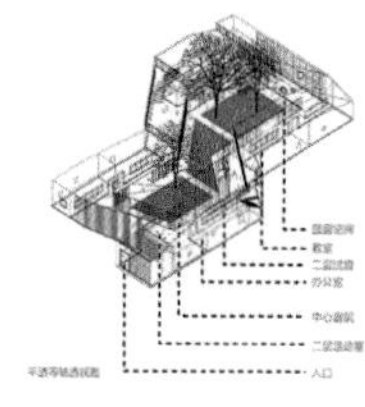

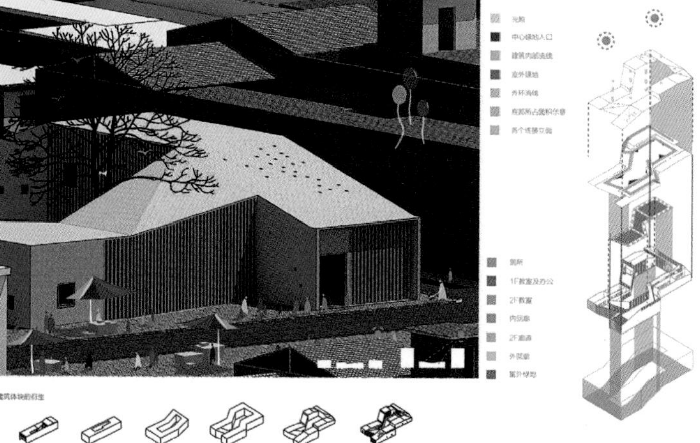

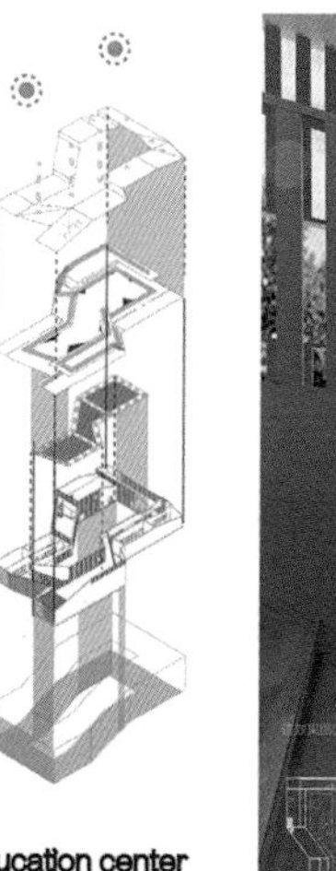

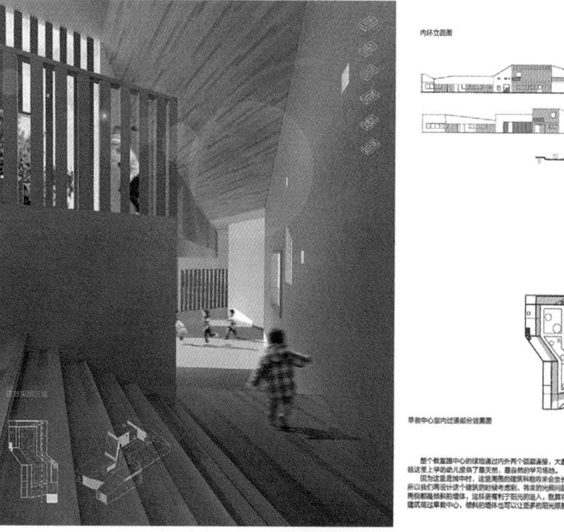

Early education center building design

该地区早教中心建筑设计

The region bookstore and library building design

该地区图书馆建筑设计

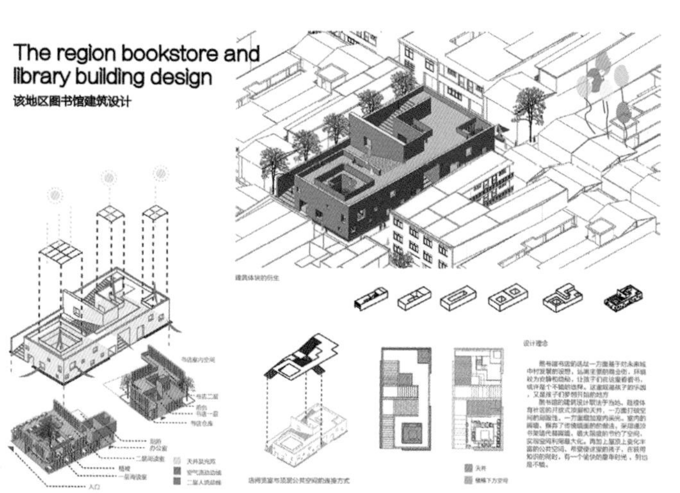

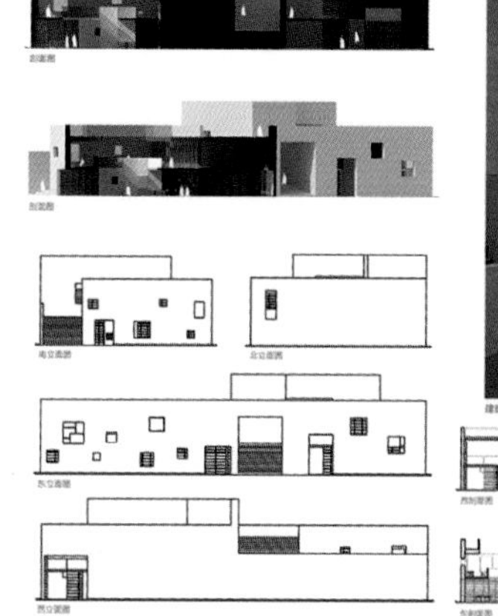

三等奖

The Third Prize

作品名称

《知槐堂——河北省正定县文化教育活动中心》

院校

天津美术学院

作者姓名

陈晓佳、张若桐

指导老师

朱小平、孙锦

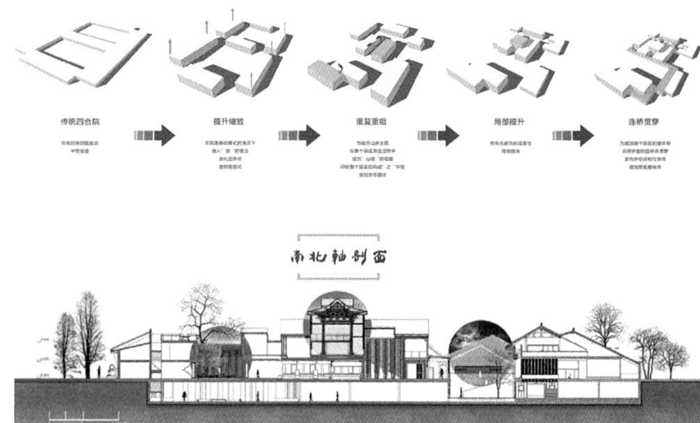

三等奖

The Third Prize

作品名称

《逸净》

院校	作者姓名	指导老师
广西民族大学	韩东成	李俊

庭院设计

项目总面积1845平方米，建筑占地面积527平方米。主体建筑占总面积三分之一，建筑外形采用青砖与木结构相结合，采用现代感强烈的开窗形式使整栋建筑看起来更加有活力，更加透气，给人一种更加接近自然的感觉，围绕主体建筑整个院子中有条环路，可以通向院子中的每一个地方，在环路的不同节点设置休闲区与景观，真正做到一步一景，院子中的水域与外部水域联通，同事设置亲水平台，在院子东南角有一座亭子可供游人休憩，整个院子不同的区域承担着不同的作用。

临水平台

临水平台位于院子的正东方位，由青石板拼合而成，与庭院中亭子相邻，此区域可作为烧烤区域，通过水面青石板与厨房相连，更加方便。在此区域周边种植花草凸显氛围更加符合主题。

一层平面布置图

平面布置图分为三个区域，分别是大厅，餐厅以及客房部分，主要的空间设计部分也是这三部分，中间部分为大厅，也是一个民宿必不可缺的一部分，通过大厅前台旁的的门可进入餐厅，大厅右后方为楼梯间，并开有门通向院子，真正做到四通八达，大厅内设置休闲沙发以及长桌，在满足日常旅客接待的同时也能为旅客提供舒适的休息娱乐环境。大厅的右侧是餐厅，餐厅区设置吧台桌，长桌以及沙发区，客房设置大床房与标准房，可供入住者根据自身情况而定。

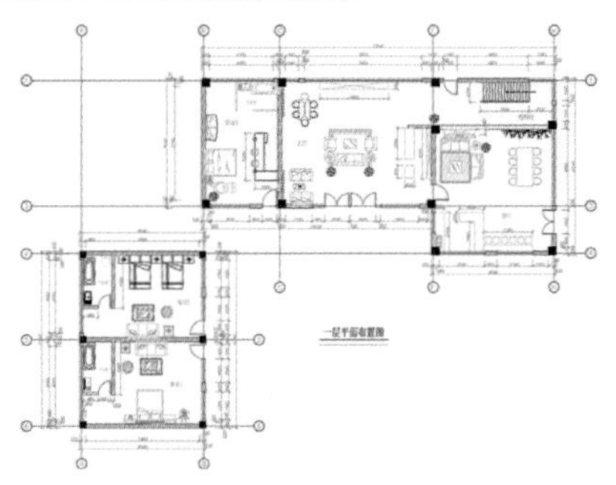

一层平面布置图

二层平面布置图

二层区域全部为居住区域，分为五个房间，通过楼梯进入到二楼走廊，整体空间趋近方形，没有太多的弯道设计，更加直观方便，每个房间都有一个阳台，可以更加近距离的感受自然，亲近自然

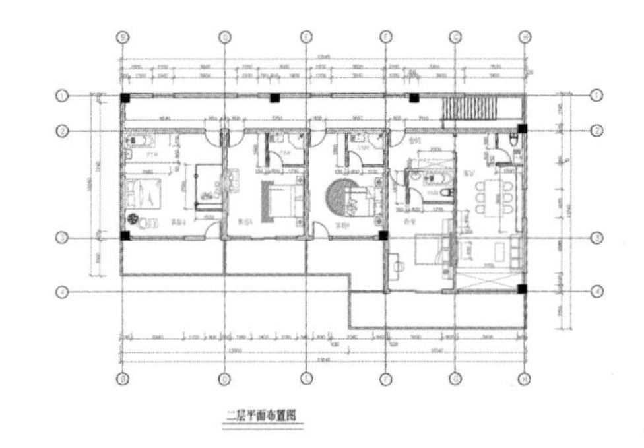

二层平面布置图

大厅与客房客厅

大厅地面以灰色复古砖为主，中间摆放一组组合休闲沙发，给人一种安静的氛围环境，墙面以及顶面的装饰采用原木结构为主，采用不同处理手法进行装饰，整体风格统一，简单而不失情调，入户口的大落地窗以及竹子盆栽给人更加接近自然的感觉。窗帘，沙发已经背景墙都采用瑶族民族元素进行设计。

"逸.净"民宿的客房客厅采用现代风格，客厅整体主体颜色基调以亚麻，深灰为主，简单大气，深灰墙之上的装饰架造型以"s"为元素，具有现代风格，架上的陶瓷制品又增添了古典韵味，飘窗上的榻榻米可以喝茶观景，屋子整体色调干净整洁舒适感十足。

院子局部效果图

三等奖

The Third Prize

作品名称

《Adaptive Architecture》

院校

Silpakorn University
（泰国艺术大学）

作者姓名

Kotchaporn Powasuwan

指导老师

Jeerasak Kuesombat

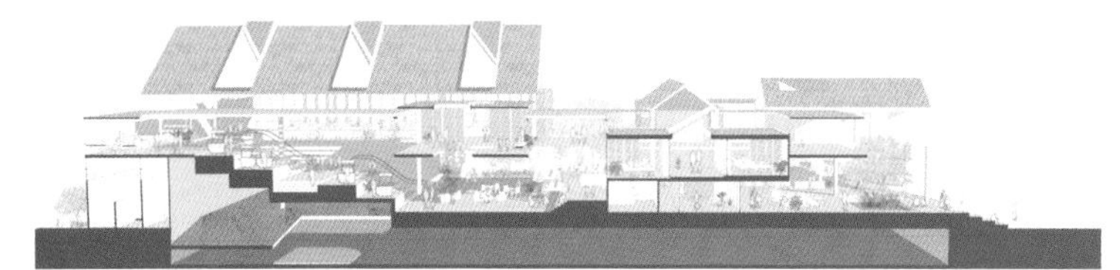

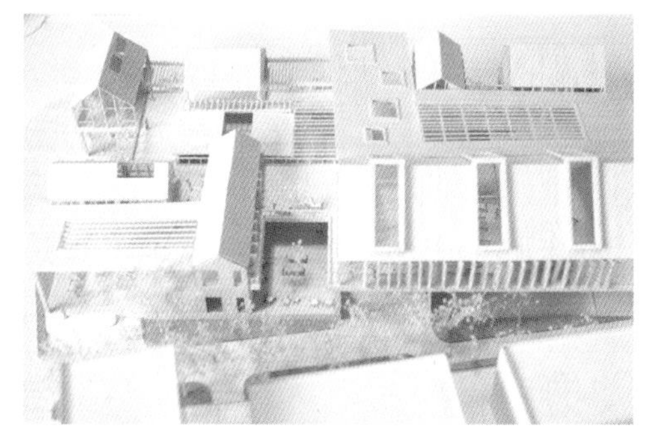

三等奖

The Third Prize

作品名称

《Institute of Art, Siem Reap City》

院校

Royal University of Fine Arts
（柬埔寨皇家艺术大学）

作者姓名

Sam Socheata、
Soy Sithykun

指导老师

Prof. CHEA SamAth

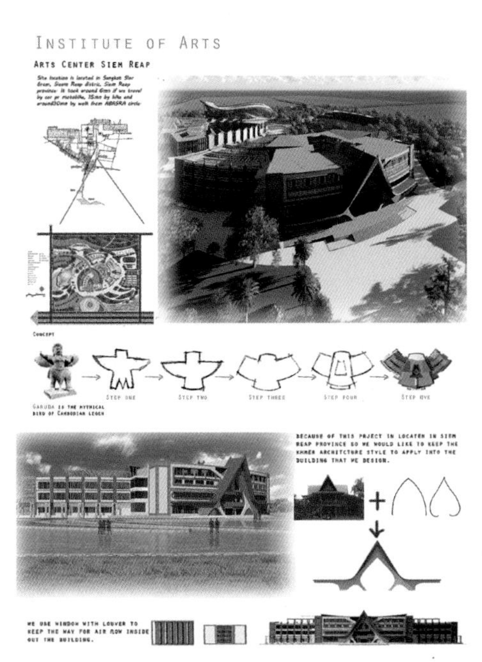

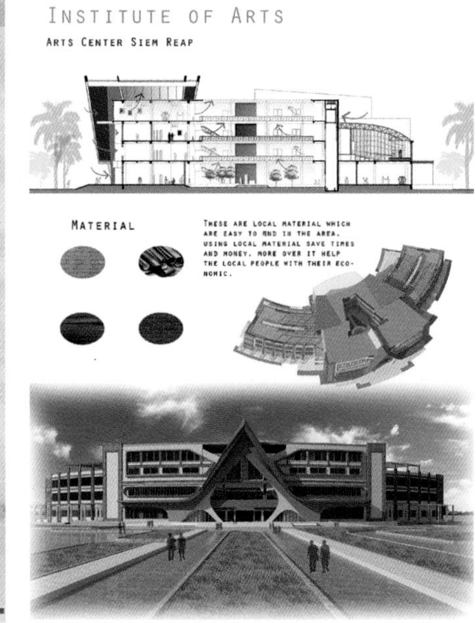

三等奖

The Third Prize

▎作品名称

《旅·居》

▎院校

广西艺术学院

▎作者姓名

周召群、曾睿、朱小燕

▎指导老师

彭颖

设计特色

竹子的大量使用是本方案的一大特色，竹子碧玉数身，翡翠裁衣，明净深邃，四季常青，耸根叠嶂，独具风韵。

粉墙竹影

墙竹影指将竹子配置于白粉墙前组合成景的艺术手法，恰似以白壁粉墙为纸，婆娑竹影为绘的墨竹图。

移竹当窗

特指竹子景观的框景处理手法。通过各式各样取景框来裁定竹景，恰似一幅图画镶嵌框中，起到小中见大、空间渗透的作用，营造出深远的意境。

竹石成景

“山本静，水流则动；石本顽，树活则灵”。

设计特色

简约长方形门洞

运用苏州园林中常用的长方形门洞，并结合现代手法处理，通过门洞的巧妙运用，使庭园环境产生园中有园，景外有景，步移景异的效果。有时使造景的元素都只露出一角，给人遐想的空间，恰有犹抱琵琶半遮面的感觉，犹如含羞的姑娘，体现苏州的婉约清新之感。

景观节点分析图

景观节点分析图

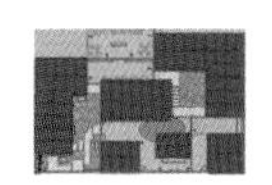

建筑节点分析

建筑节点分析

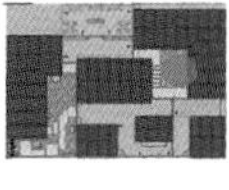

三等奖

The Third Prize

作品名称

《四联村——民宿概念设计》

院校

广西艺术学院

作者姓名

梁启富、陈磊

指导老师

聂君

THE STATUS OF THE FOUR VILLAGE IS THE ORIGINAL HOUSING WITH THE NEW BRICK MIXED WITH THE BUILDING ROOM MIXED WITH MOST OF THE BRICK AND CONCRETE ROOM IS USED TO RENT, SOME OF THE ORIGINAL HOUSING WAS USED TO TRANSFORM INTO THE ARTIST STUDIO.

场地分析 SITE ANALYSIS

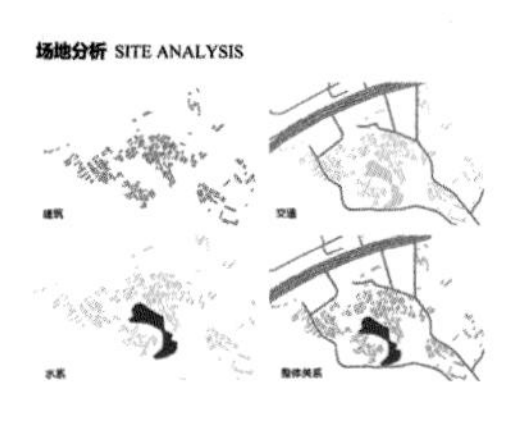

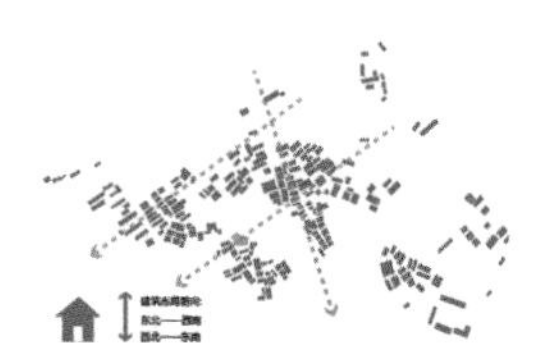

建筑平面 ARCHITECTURAL PLANE

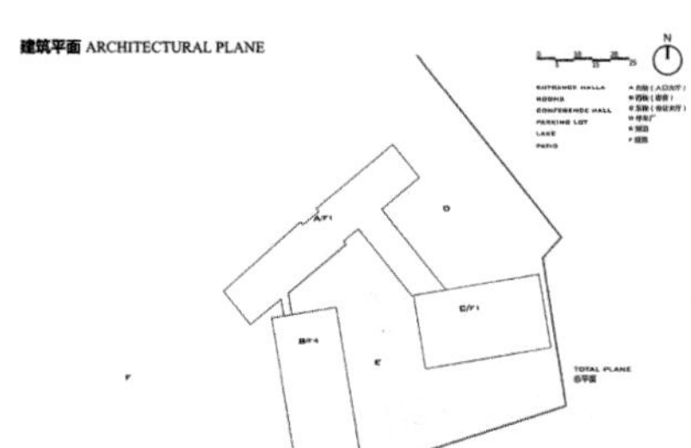

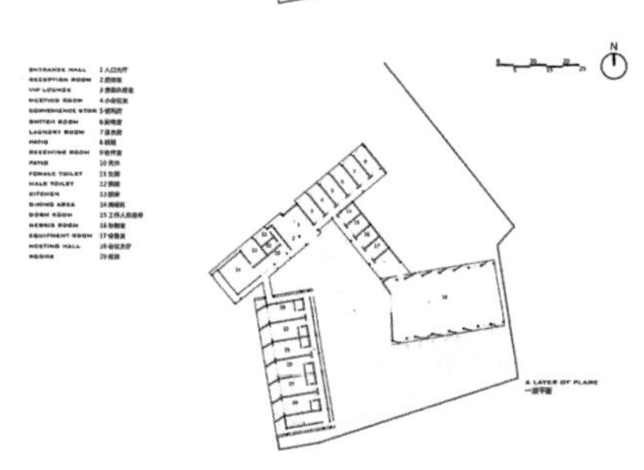

展示设计类

Exhibition Design

一等奖

The First Prize

▍作品名称

《2017创意中国（杭州）工业设计大赛永久展馆设计——漂浮空间》

▍院校

中国美术学院

▍作者姓名

解畅、蔡盈盈、陈蕴雪

▍指导老师

邱海平、叶菁

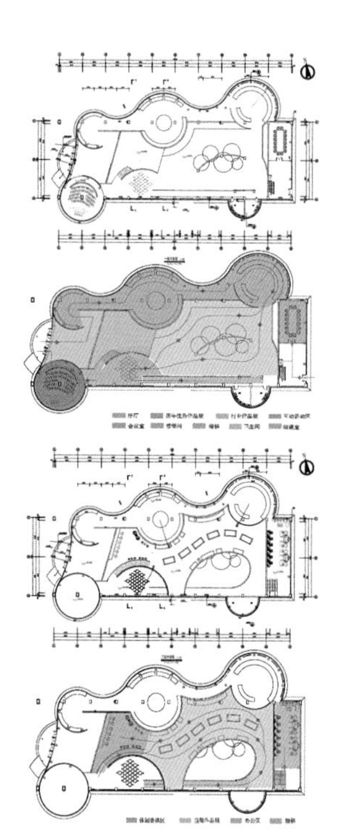

一层平面图

一层流线及分区

二层平面图

二层流线及分区

效果图

使用挂轴的方式，与户外形成虚实空间。

使用弧形展台，与此展厅外部圆弧相呼应，又与直线相对比。

展台由墙面向外延伸，底部架空，以特殊形式形成未来感。

使用悬挂式展台，展面为白色，底部为透明材质，有轻盈的悬浮感。

场馆布局

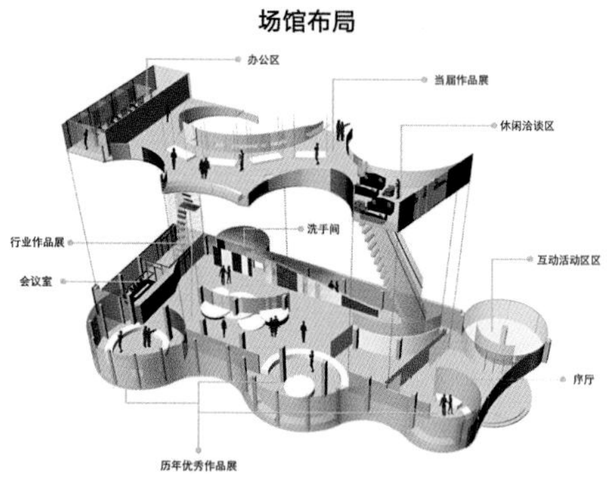

一层入口效果图

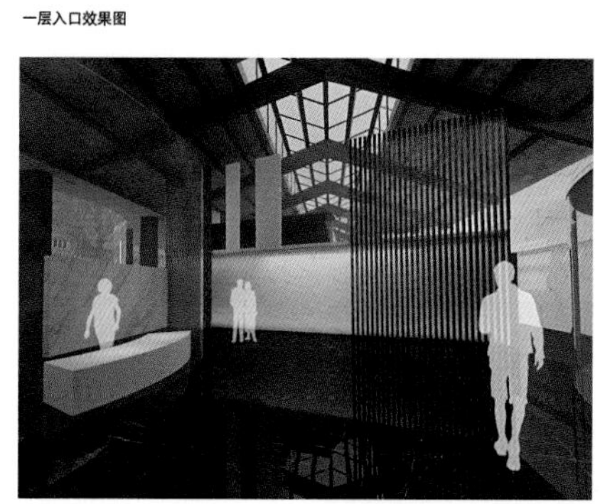

一层历届优秀作品展厅效果图

- 展馆采用大面积的玻璃与格栅，在分隔空间的同时也保证了空间的通透感，并且增强了与户外的互动性。
- 使人形成园林式的廊道的体验感，增强历届优秀展厅的沉淀感。

一层行业作品展厅效果图

- 每个空间角度都有不同的错落，层次感强，人在空间内有移步换景的感受，在空间中形成流动性。

由一层至二层展厅坡道入口效果图

二层当届作品展厅效果图

一层历届优秀作品展厅效果图

一等奖

The First Prize

作品名称

《欧洲八音盒艺术展览馆》

院校

山东建筑大学

作者姓名

曹东楠

指导老师

薛娟、张玉明

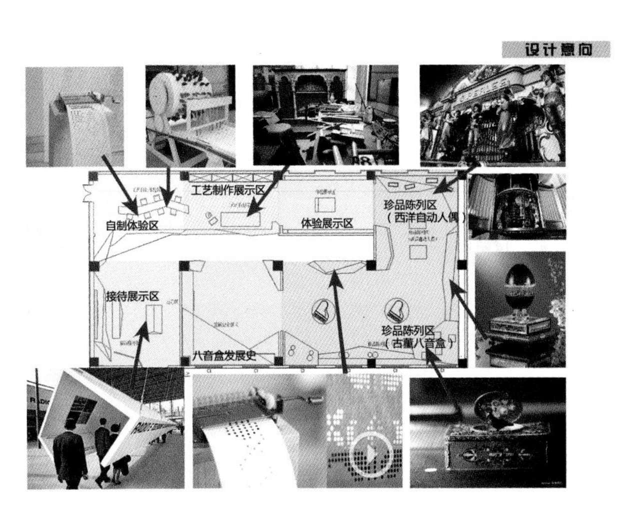

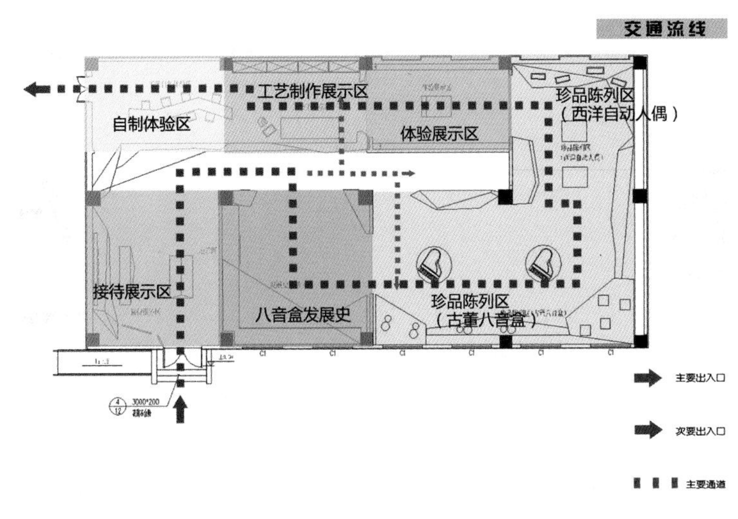

一等奖

The First Prize

作品名称

《觅寻》

院校

广西艺术学院

作者姓名

林铭辉、覃椿芹、覃乾、陈合玉、王鑫浦、王艳帅

指导老师

贾悍、陈秋裕

設計理念

作品《觅寻》主题概念为寻山觅水，灵感源于广西山水 ，整体展厅造型以线性形式为主。流线既是山也是水。寻山觅水的概念由此而来。材料以瓦楞纸为主，意在强化文艺复古的情怀。在提倡环保的同时将纸的结构最大程度的利用和回收。展品为工艺美术专业同学制作的手工皮具。

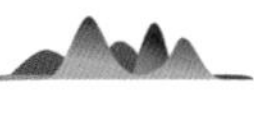

/山

/水

/盒子

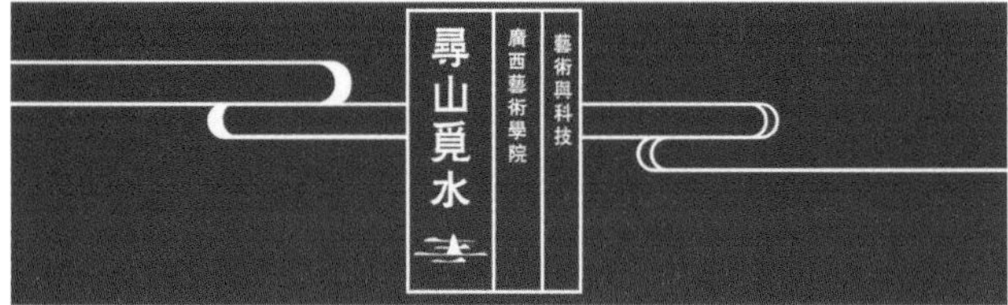

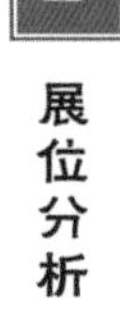

展位分析

考虑到使用1500*2400的瓦楞纸为材料的前提下，考虑到材料的限制，我们将采用以瓦楞纸为主多种材料辅助的形式进行展位搭建。底座采用少量木结构承重，用360*360*90的标准纸盒堆叠的形式制作立柱。所以本展厅全部以单体纸箱模块化的搭建，既是为了方便拆装和运输也是为了对零部件进行多次利用。这并且意味着展厅可以根据场地的不同通过模块主装成任意造型。

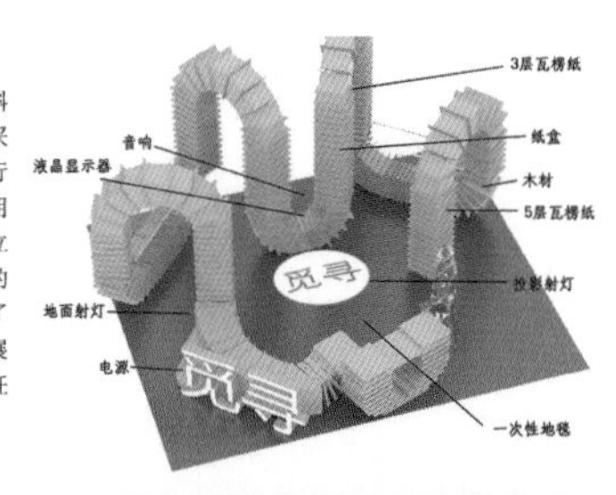

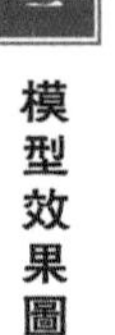

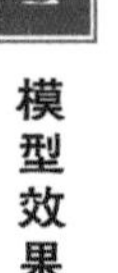

模型效果圖

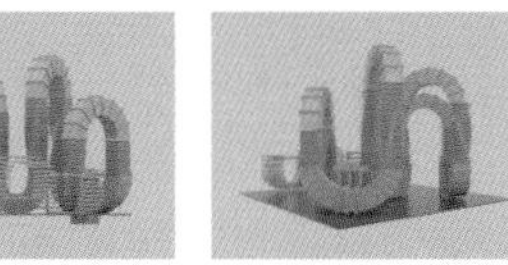

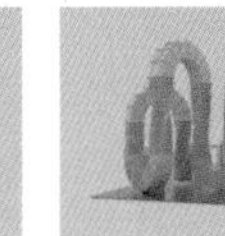

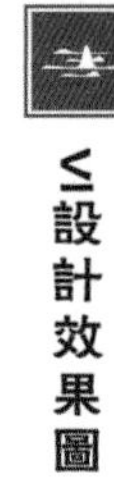

VI設計效果圖

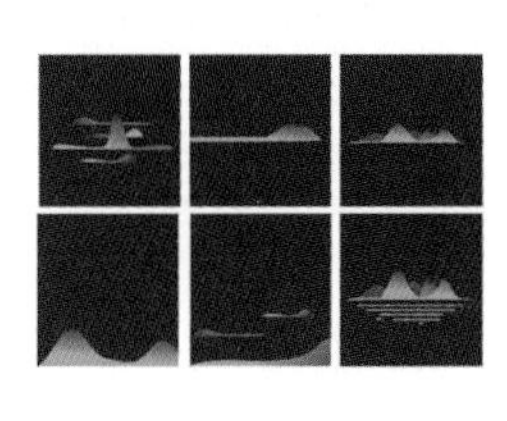

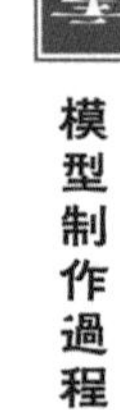

模型制作過程

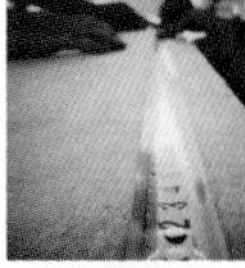

选木测量

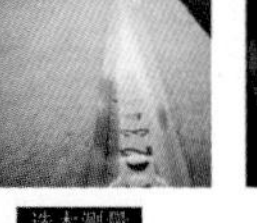

切割木材

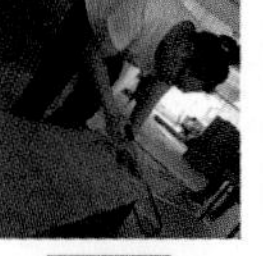

锯木

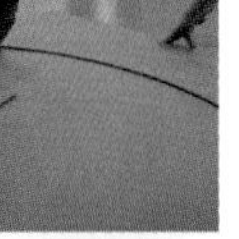

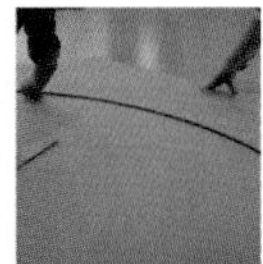

画弧

切割纸板

画圆

组装

黏合

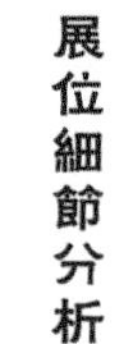

展位細節分析

底座木架结构

柱子结构支撑

切割木板

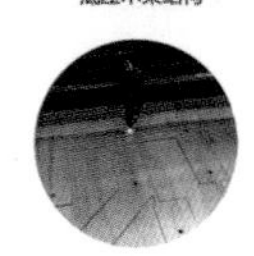

字体切割

底座结构图

顶座结构图

二等奖

The Second Prize

作品名称

《上沏不接下沏》

院校

广西艺术学院

作者姓名

金晶、王志浩、刘聪、邱靖元、周明森、黄统更

指导老师

江波、杨永波

主题解析 Theme resolution

INSPIRATION

灵感来源

"上沏不接下沏"展厅取题于茶文化中的茶具。

在保持其原有特定韵味的条件下融入年轻、活力的表达方式进行创作。

效果示意 RESULT

The effect 形态建立

整体形态以变化的条形为主,利用长条装的元素重复形成一定美感。

仿生的形态的弯曲变化象征着水流波动的感觉。

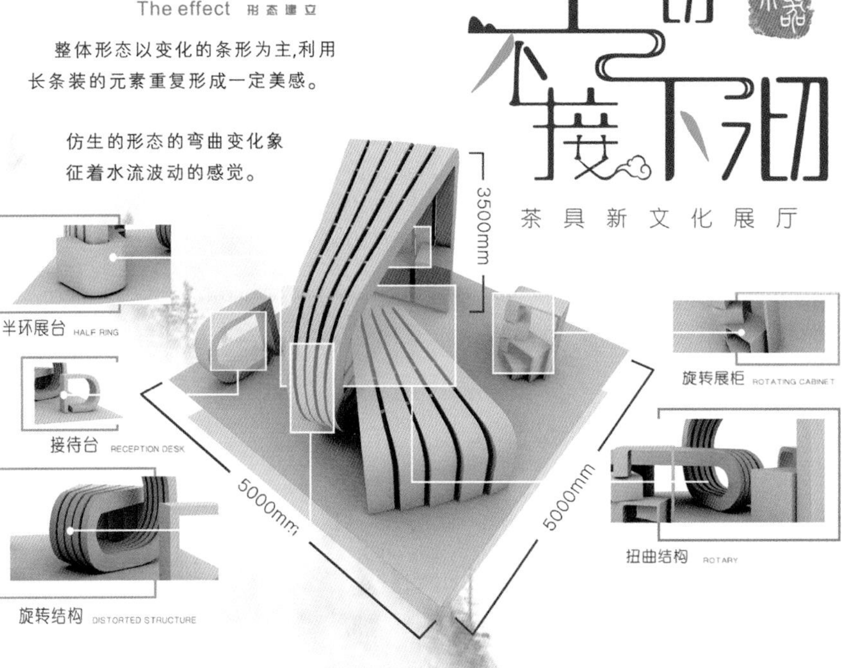

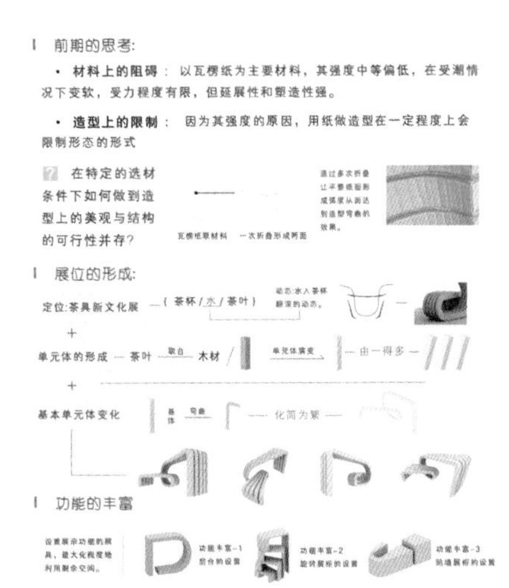

功能分区 PRACTICAL

Functional partition

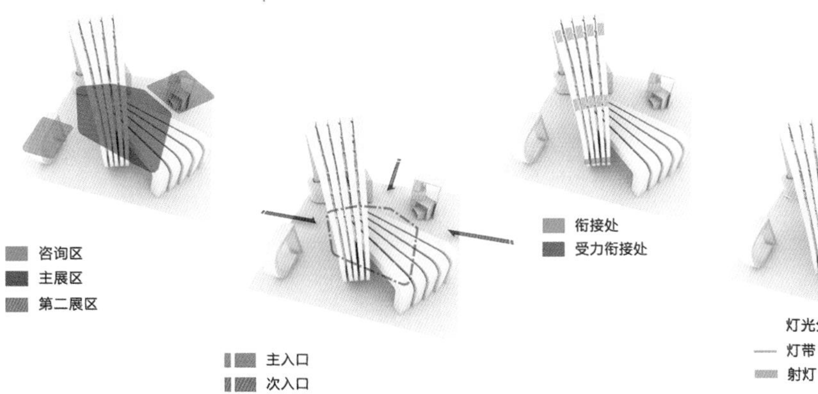

二等奖

The Second Prize

作品名称

《永久展馆设计——未来生活》

院校

中国美术学院

作者姓名

庄瓅、章佳佳、周之琳

指导老师

邱海平、叶菁

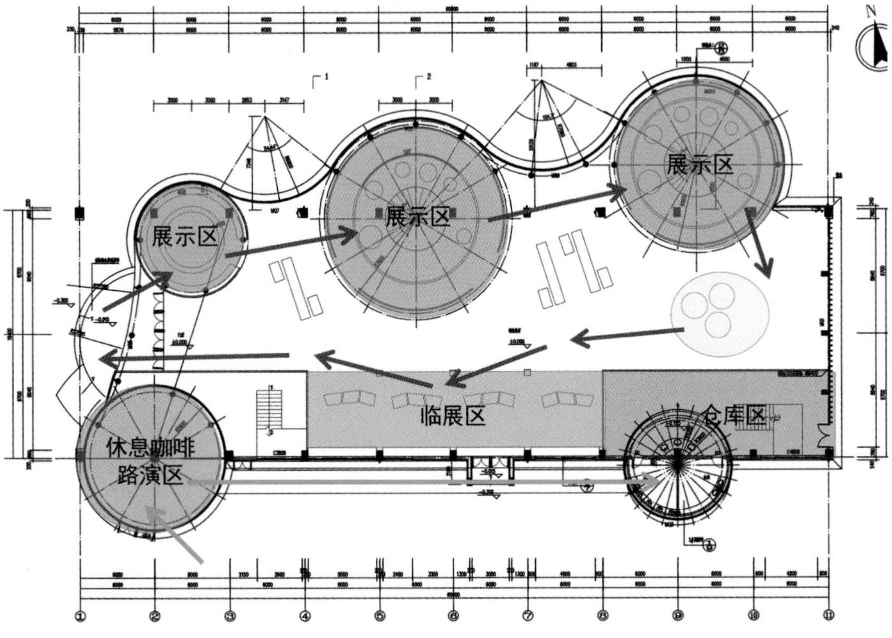

一层平面图

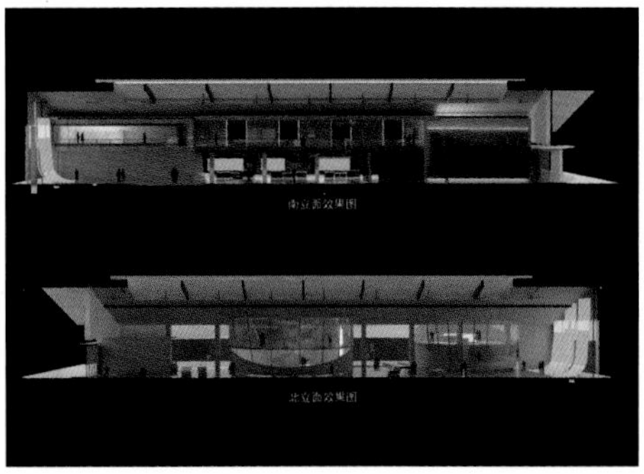

路演區／休閒區

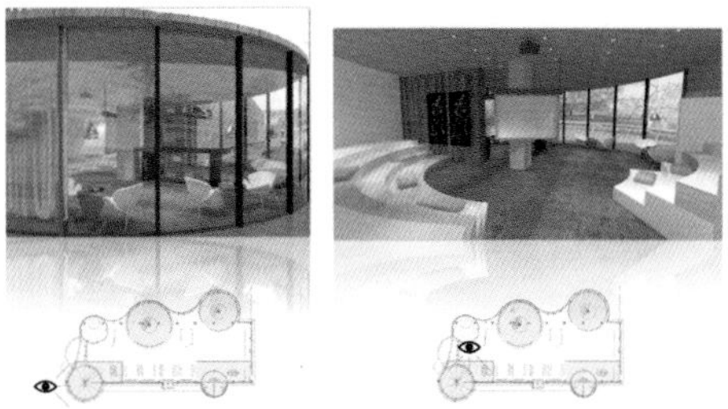

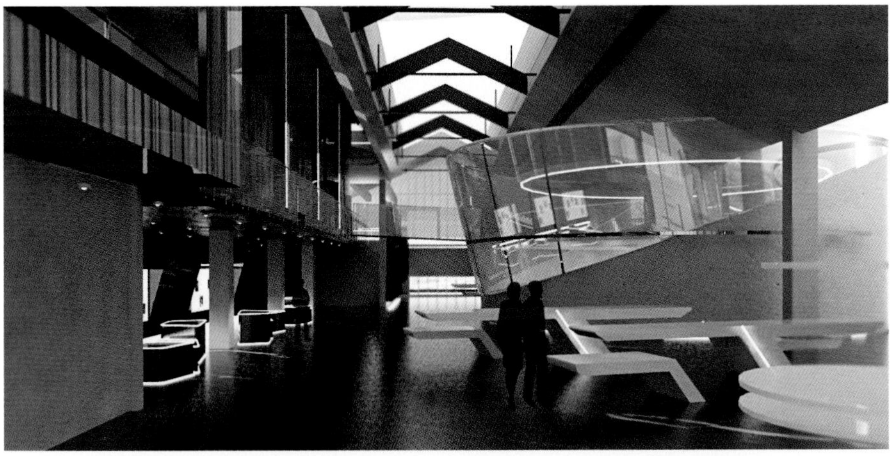

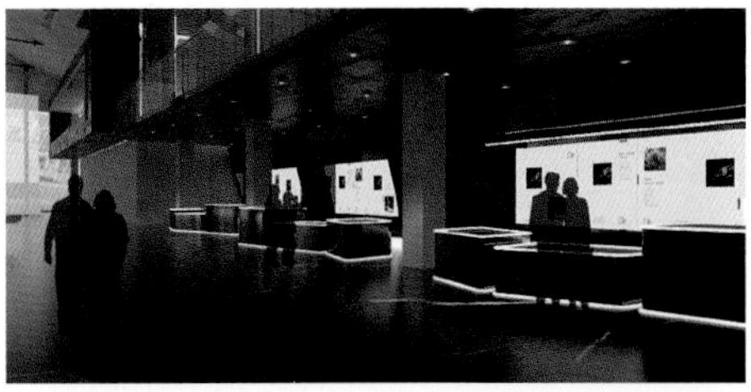

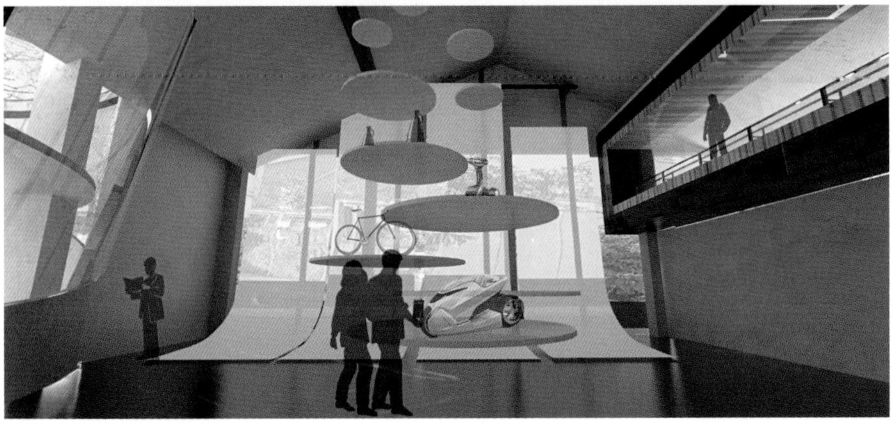

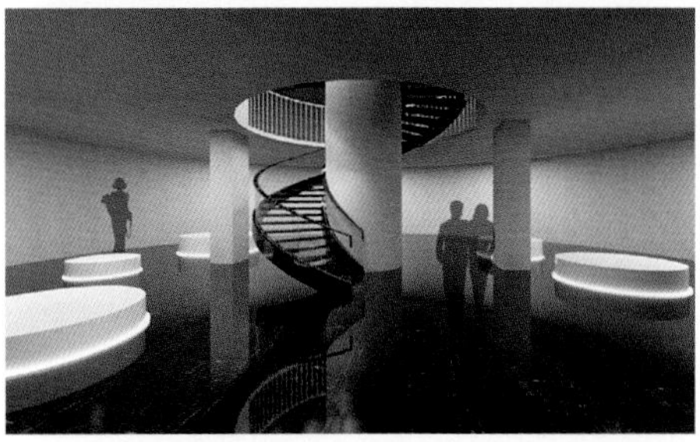

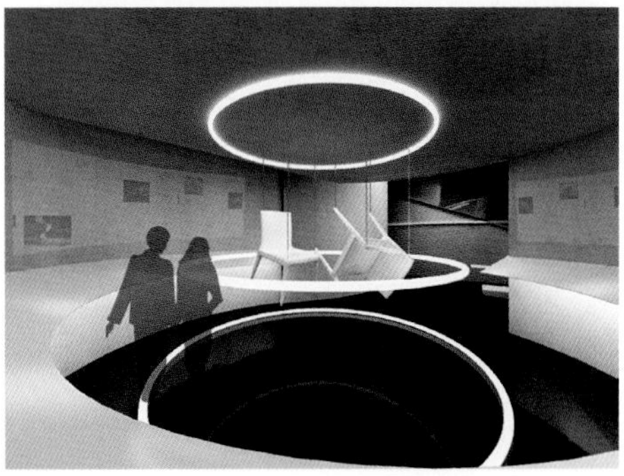

二等奖

The Second Prize

作品名称

《寄生兽》

院校

西安美术学院

作者姓名

赵磊、陈琢、朱之彦

指导老师

康捷

▽ 剖面分析 Profile analysis

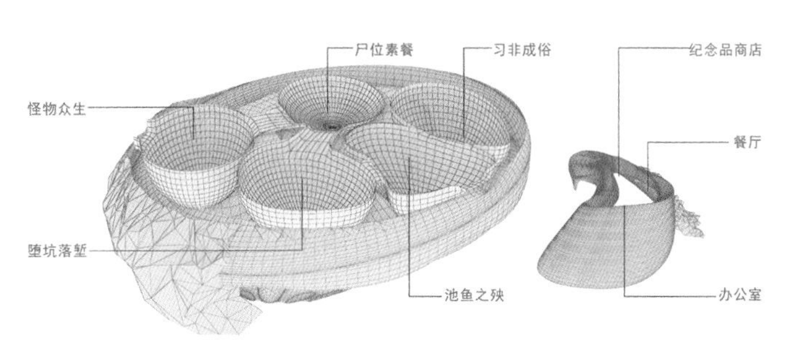

▽ 草图构思 Skech design

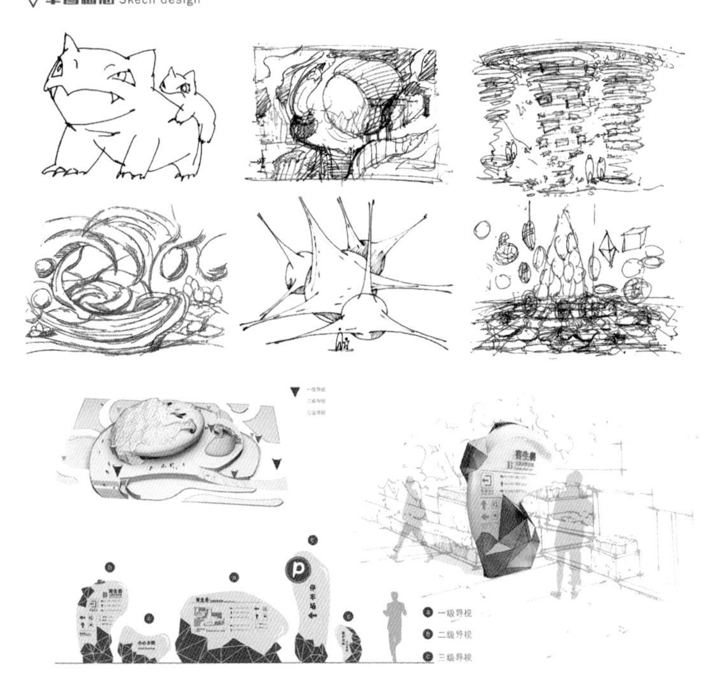

▽ 尸位素餐 第二展厅

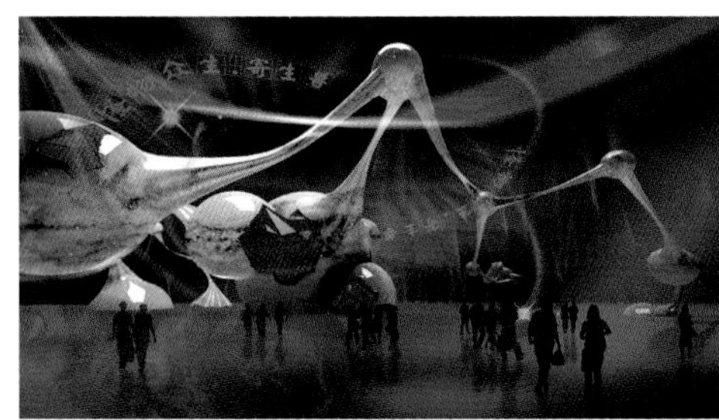

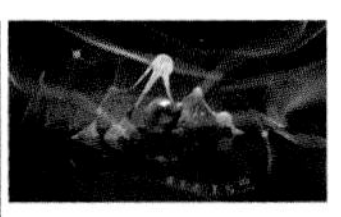

第二展厅主要是描述人们在经过第一展厅后，体会到怪物众生的现象以后所揭开的真实的存在于社会中的怪物。社会寄生兽就是存在于社会中的怪物，他们不愿劳动，依附他人而生存，啃老或吃空饷，这样的人就是所谓的社会寄生兽。

这个展厅为了表现这个现场主要提取了触须形象来作为展厅的主要元素，展厅当众有一个大型的空间装置，装置本身是不带任何色彩，通过周围的投影、光束来营造气氛，使得人们能够感受到不一样的氛围，更加真实与贴切的理解社会寄生兽的现状。

▽ 怪物众生 第一展厅

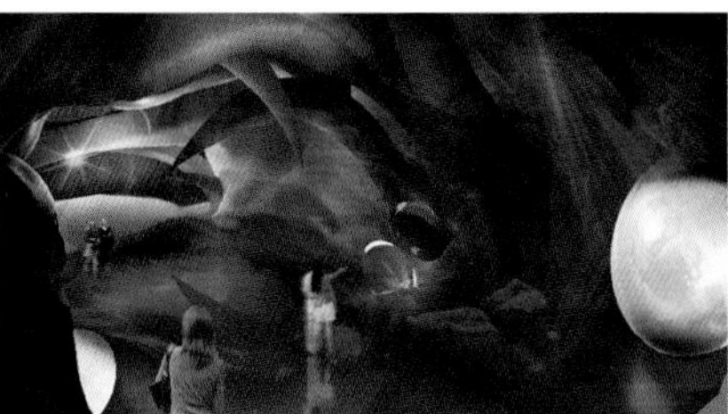

序厅营造出山洞的氛围，穿越迷雾，随着类似于怪兽的獠牙发光的眼睛，让人联想到电影里的场景，身临其境。寄生兽的未来在哪里，他们应该怎么办，怎样摆脱它？寄生兽，指到达一定年龄，有劳动能力，应该去自己谋生，而不工作不劳动，依靠家中其它成员或依靠某一社会组织、单位、群体的帮助，或骗取他们的资助，或采取其它不正当方式取得物质生活品的人。

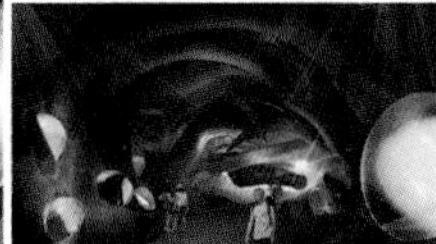

▽ 池鱼之殃 第四展厅

寄生兽对周围人群的影响，设计从"池鱼之殃"出发通过展厅中心巨型的倒挂装置以及空间中的镂空不规则球形与方形的组合，营造出看似违反地心引力的视觉效果社会上的寄生兽们除了自身的堕落和懒惰。

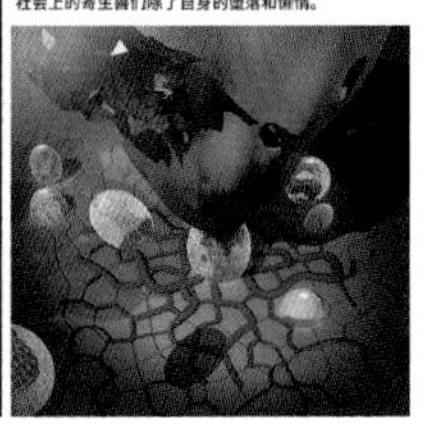

▽ 习非成俗 第五展厅

寄生兽的未来可以从几个方面去改变，首先从个人层面寄生兽族群应该培养意识，加强学习，勇敢的走出家门自食其力的去工作，家庭方面应当改变一些父母的观念，对孩子减少一些溺爱在家庭教育上有更好的改变。在社会方面应当给予年轻人更多的机会，国家也应当健全法律政策，防止吃空饷现象的出现。袋鼠族也是寄生兽的主要人群。

"袋鼠族"折射出毕业生择业观的误区。许多毕业生对自己期望值过高，不着降低身价来找一个能养活自己的工作。虽然这几年大学毕业生就业形势相对严峻，但找一份养活自己的工作还是可以的。这部分人群不肯吃苦，不肯脚踏实地。所以找不到工作。很多拿工资的人也同样面临成为寄生兽。

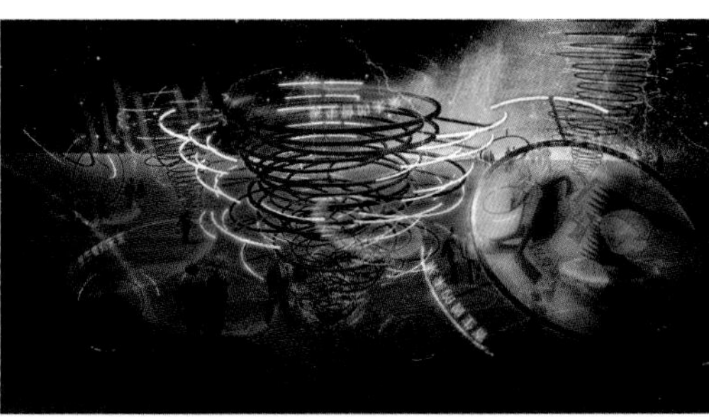

二等奖

The Second Prize

作品名称

《镜像1980——中国诗歌展示空间设计》

院校

山东建筑大学

作者姓名

刘菲、张玉玉、王胜男

指导老师

陈华新

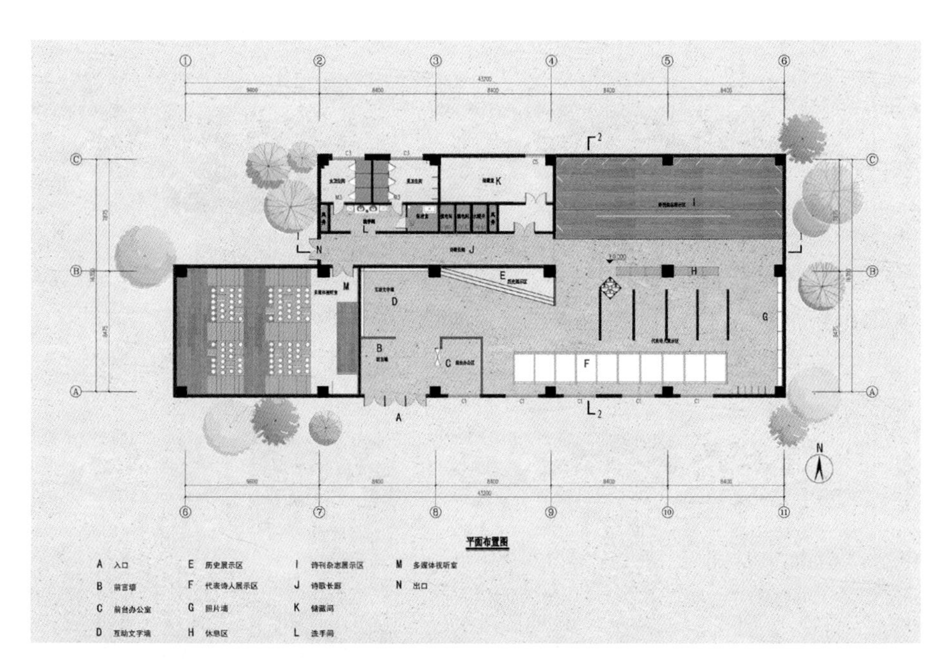

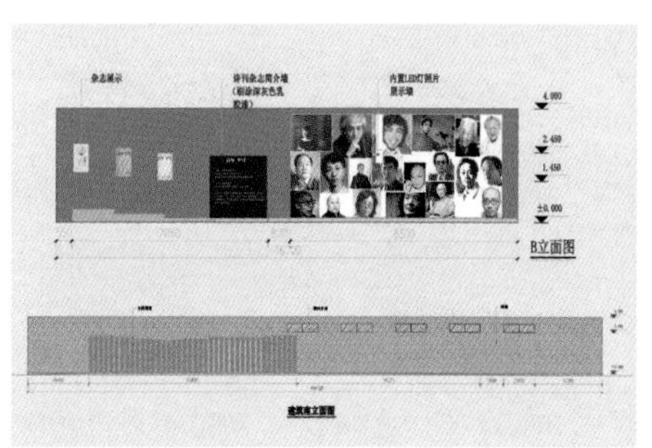

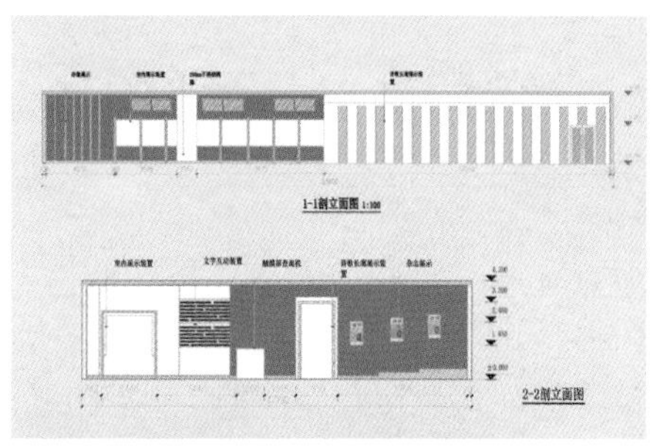

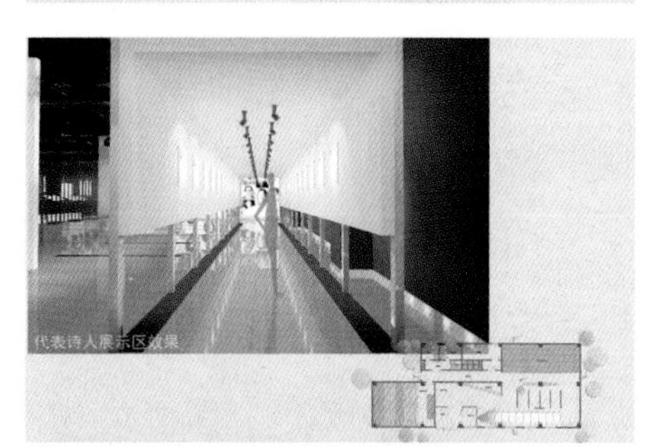

二等奖

The Second Prize

作品名称

《水上泥间——惠山泥塑展厅设计》

院校	作者姓名	指导老师
江南大学	朱迪	窦小敏

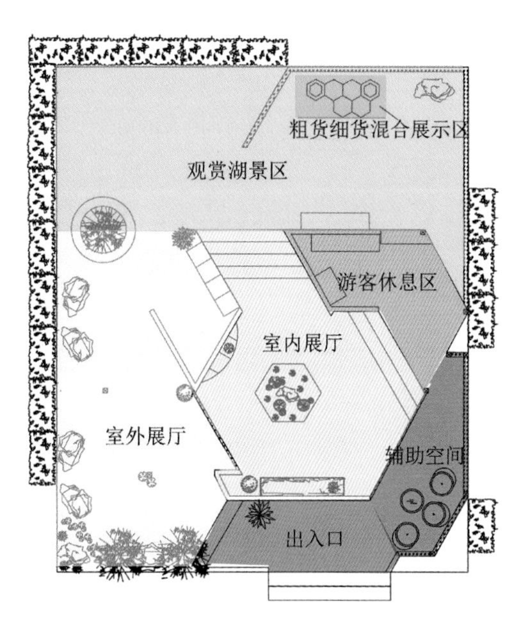

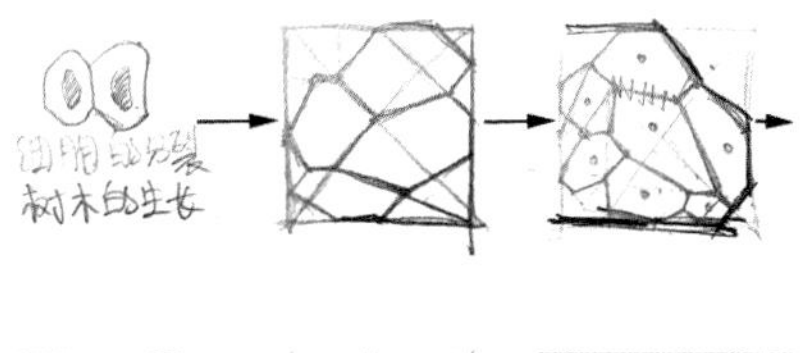

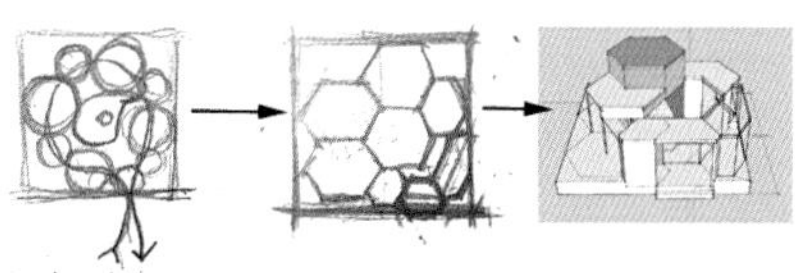

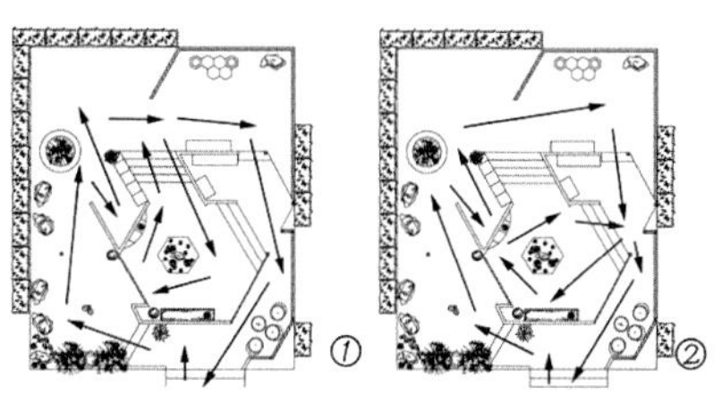

展厅有两条主要流线，分别有不一样的展示效果及视觉感受。

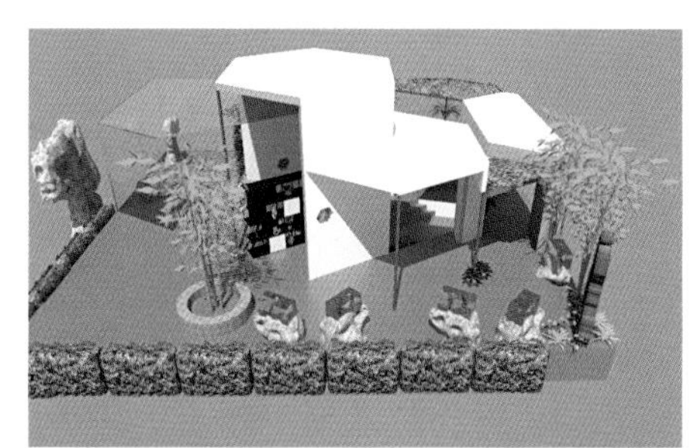

二等奖

The Second Prize

作品名称

《梵宫回忆——柬埔寨文化长廊》

院校

广西师范学院

作者姓名

王莹、叶子雄

指导老师

徐菲、李燕

主题：有生命的古老国度

设计说明：

"梵宫"——吴哥窟又称"梵宫"，梵宫回忆即高棉回忆，用吴哥窟来表现吴哥窟古老的历史文化。吴哥窟作为柬埔寨最具代表性的建筑，提取其中树根、回廊、吴哥的微笑和浮雕为元素来体现展厅的主题——有生命力的古老国度。展厅的色调主要为暗黄、灰蓝，冷暖对比再结合浮雕、佛像和回廊，使其更有古老国度之感。

展厅分区为：历史文化回廊、吴哥的微笑、舞台、景观水池、展台和休息区。

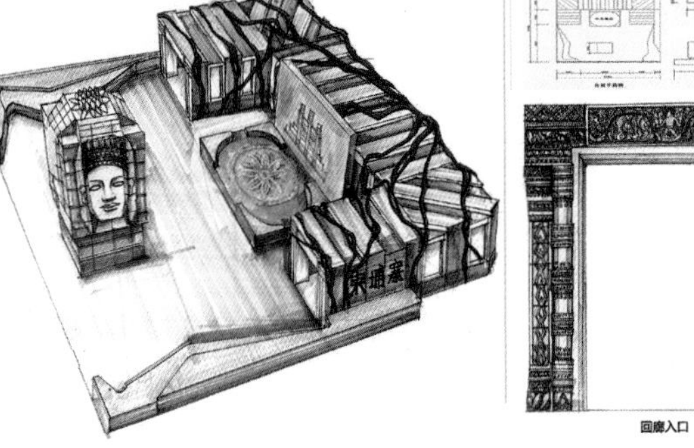

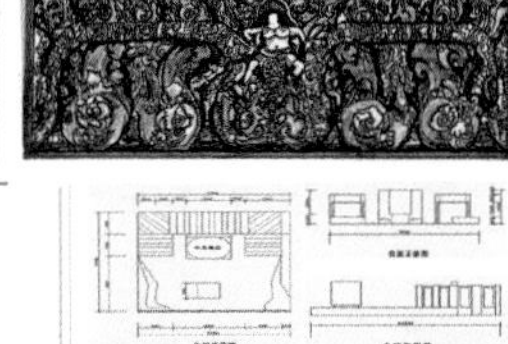

回廊入口

正立面图

舞台

舞台背景图

侧立面图

二等奖

The Second Prize

作品名称

《Model Box: Nightmare before Christmas》

院校

National Academy of Arts, Culture & Heritage（马来西亚国家艺术文化与遗产大学）

作者姓名

Vivian Woon

指导老师

Azizul Zahid Jamal

Size: 23cm × 15cm × 15cm

三等奖

The Third Prize

作品名称

《川》

院校

广西艺术学院

作者姓名

罗靖雯、许婷婷、陆江、张可圆、吴新葆、李旻

指导老师

杨永波、江波

zi pai
“川”的成长史

川

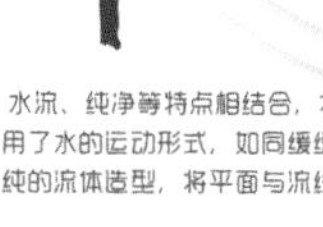

“川”是由大象牌气泡水包含的气泡、水流、纯净等特点相结合，将丰富的层次和流畅线条组合而成的一体成型的展厅。外观上采用了水的运动形式，如同缓缓流动的水，为了符合气泡水与众不同的味觉感受，不局限于单纯的流体造型，将平面与流线有机组合，创建一个与众不同的形象。

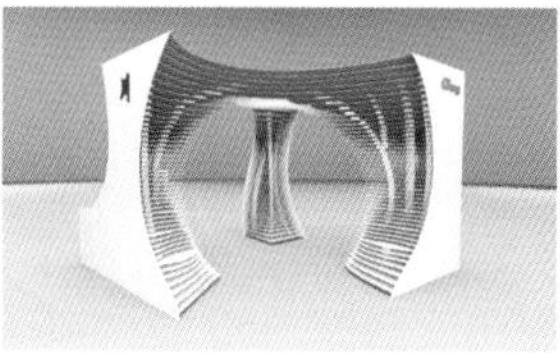

尺寸：4mX4mX2.8m
材料：万通板
结构：46层平面+1268个柱子

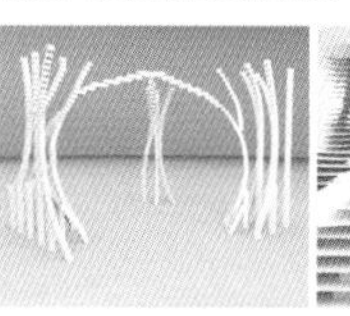

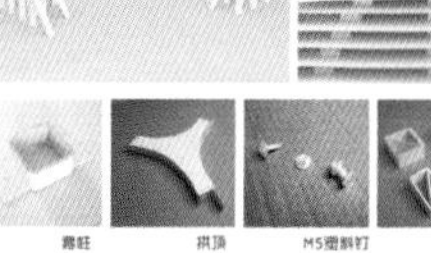

考虑到展厅是圆弧造型，顶部体积质量都过大，实际施工时极有可能搭建不成功，于是我们参考了拱桥的力学原理，将展厅的三条重要支撑柱线做成拱桥式，水平推力把原本由荷载产生的弯矩应力变成压应力或者大部分转化为压应力，层与层之间用M5塑料铆钉衔接，利用拱的原理，就可以把顶层过重的体块，柱子和塑料铆钉给予的支座反力，以及作用于其上的荷载的合力的作用点和方向刚好通过三个拱的轴线，这样就能保证展厅的稳固性。

体块分布

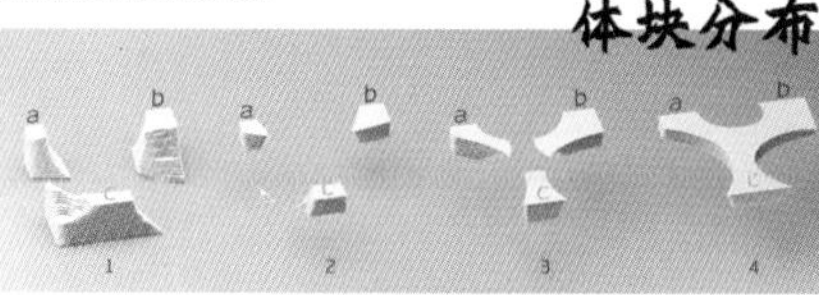

展台设计

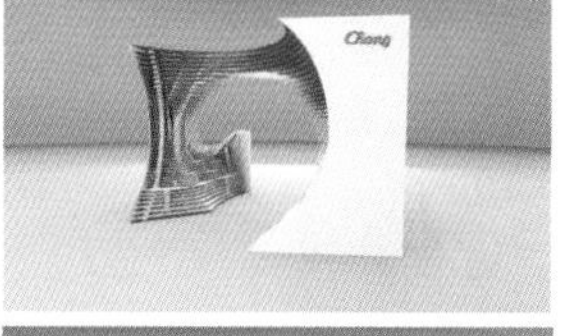

站在展厅不同方向可以看到不同的视觉效果，环绕四周，展厅外形可随着视野的变化而变化，流畅温和的线条交错，构成了摆放展品的展台。展品为大象牌气泡水，根据产品的特性和产品所要表述的健康理念，以水和空气作为此展厅设计的主要元素。以一种纯净与水流动的内部环境概念，试将观者融入，从而以观者的视角进行展示设计。

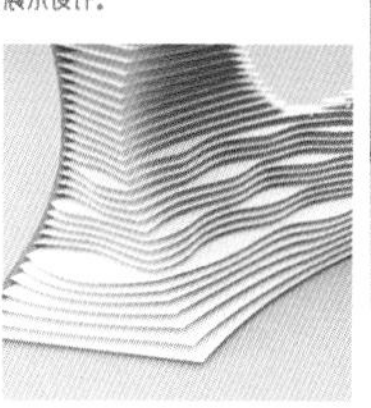

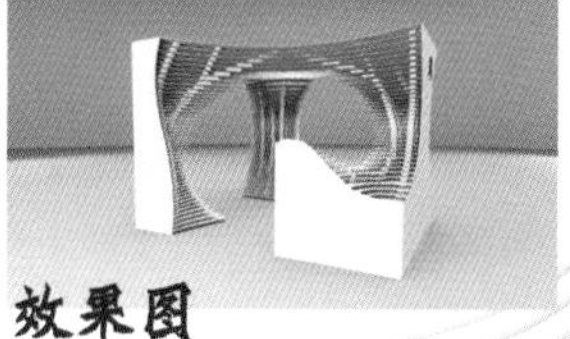

效果图

三等奖

The Third Prize

作品名称

《兰亭》

院校

广西艺术学院

作者姓名

王天凤、潘俊羽、周少谦、刘湘伊、赵倩宇、孙文璨

指导老师

陈秋裕、贾悍

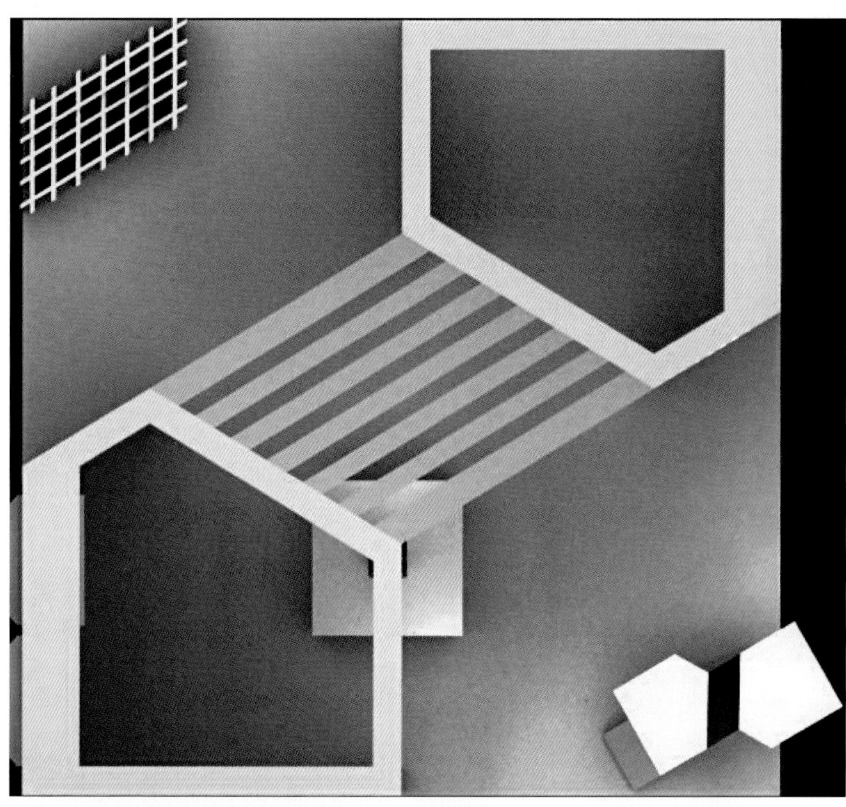

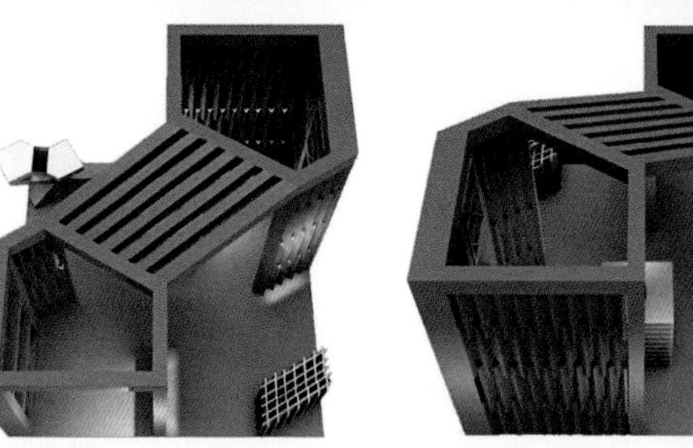

三等奖

The Third Prize

作品名称

《方圆》

院校	作者姓名	指导老师
广西艺术学院	文发、郭慈发、张逢君、舒灏、李耿庆	江波、杨永波

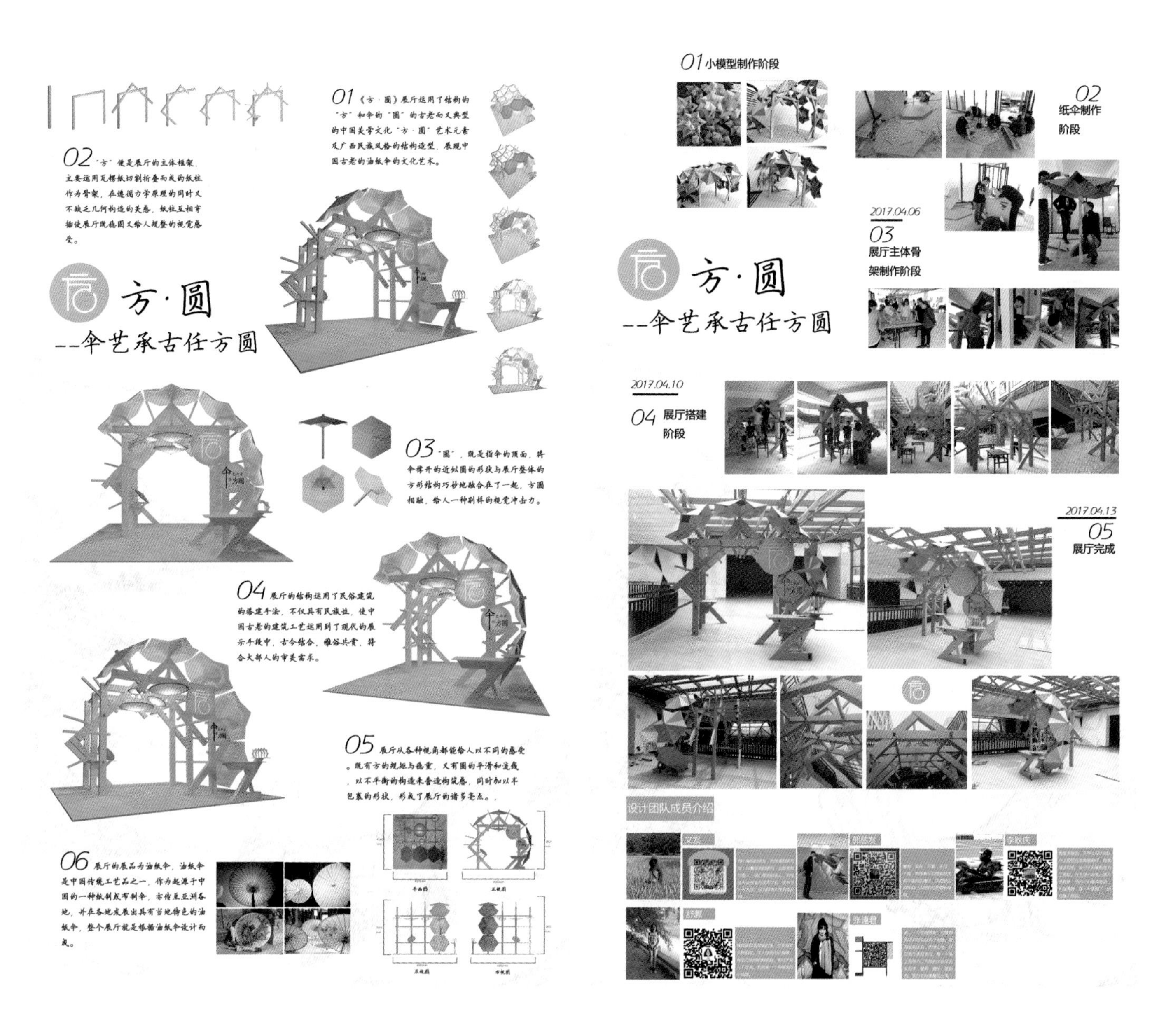

三等奖

The Third Prize

作品名称

《仙居“桐江书院”》

院校

中国美术学院

作者姓名

朱思宇、马梅、徐曦、
占先明、冯文仲、葛清扬

指导老师

邱海平、施徐华

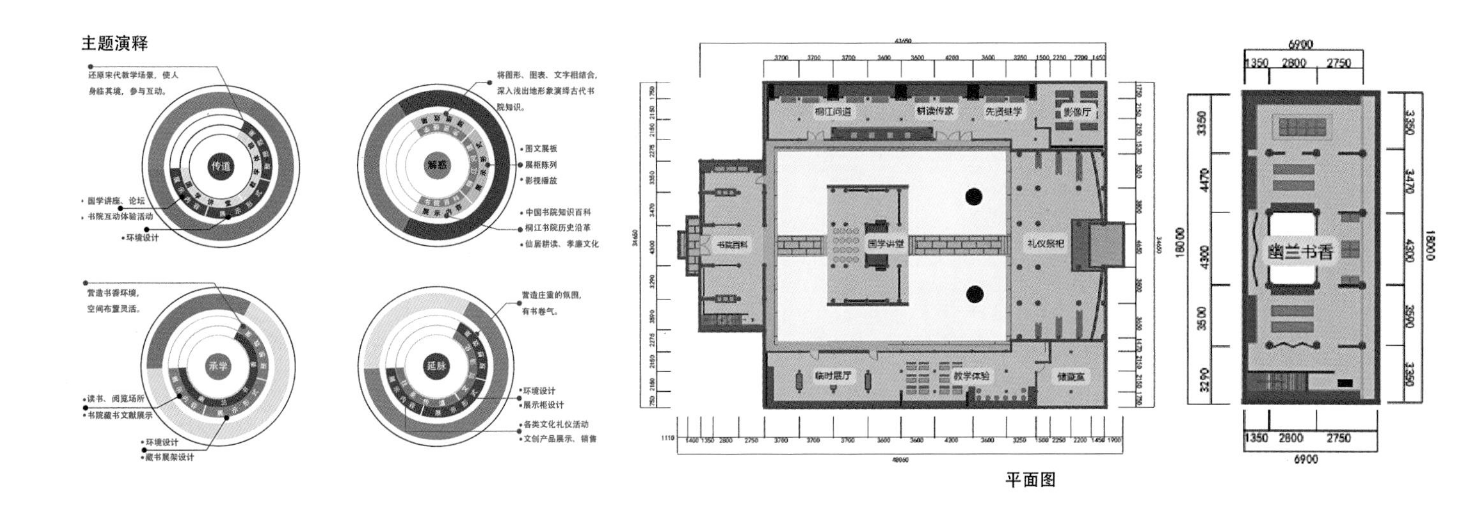

三等奖

The Third Prize

作品名称

《守望 · 新生——空心村主题展览馆》

院校	作者姓名	指导老师
西安美术学院	赵磊、陈琢、朱之彦	周维娜

C-2 廊道空间 Corridor space

C-2 第六展厅效果图 Exhibit a rendering

村庄苏醒 金缮新生

老房子不断地被拆除，人们向往高楼大厦，如同癌细胞的新民居破坏了原有的整体和谐。未来的乡村应该是一种"隐形城市化"的状态。古村落的改造应该像是从古村落里自然生长出来的一样。

C-2 展厅展览平面策划 The exhibition hall content analysis

第二展厅分析图：

C-2 第四展厅效果图 A rendering of the exhibition hall

三等奖

The Third Prize

作品名称

《陈列历史 · 体验当代——古代陆上丝绸之路展示空间设计方案》

院校

山东建筑大学

作者姓名

张玉玉、杨沫、
吕淑聪、赵亚

指导老师

薛娟

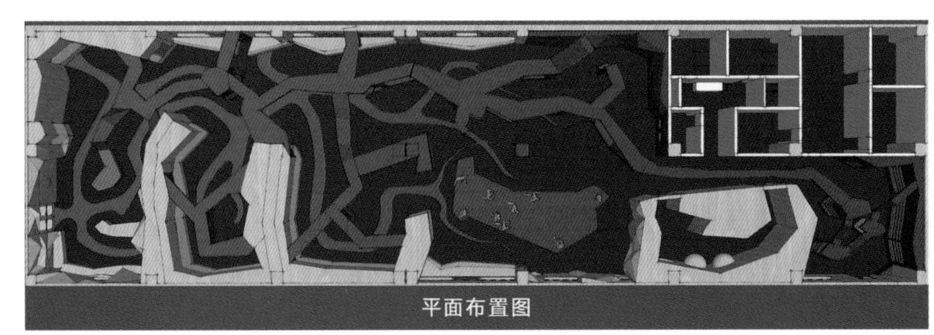

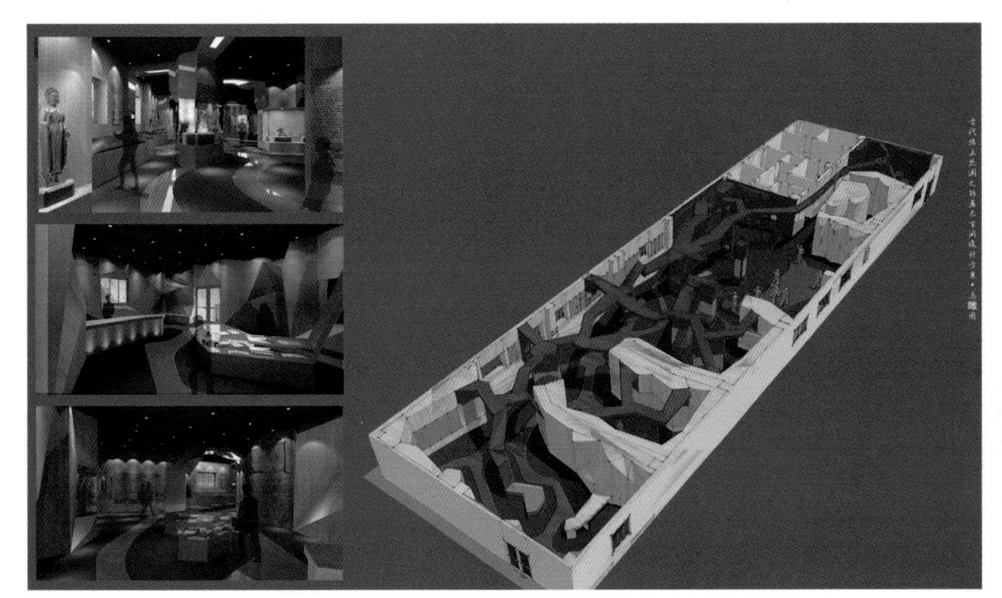

三等奖

The Third Prize

作品名称

《烟草展示空间设计》

院校

山东建筑大学

作者姓名

吕淑聪、张玉玉、杨沫、赵伟、赵亚

指导老师

薛娟

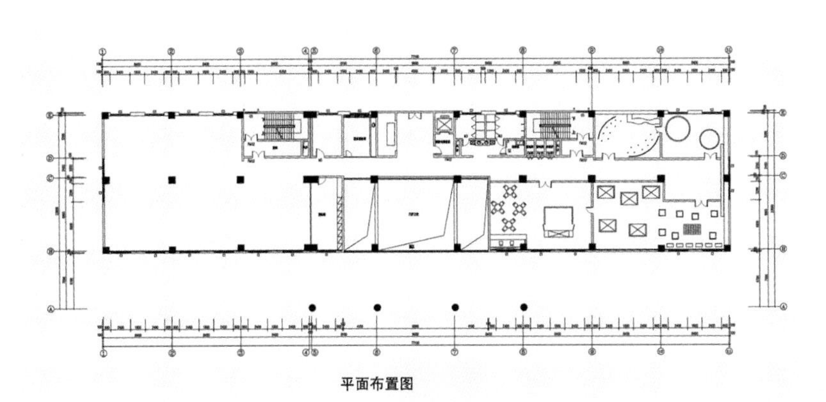

平面布置图

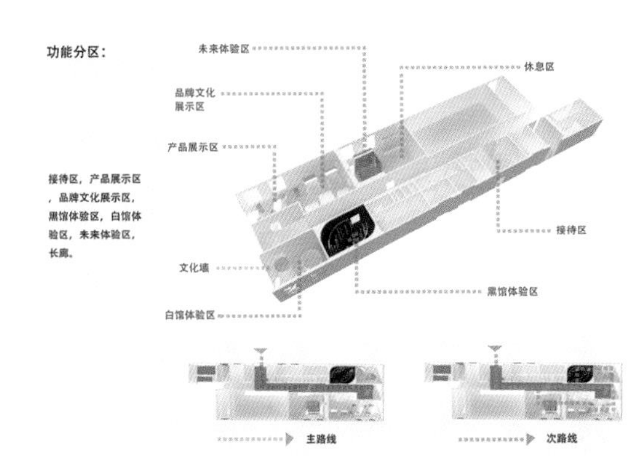

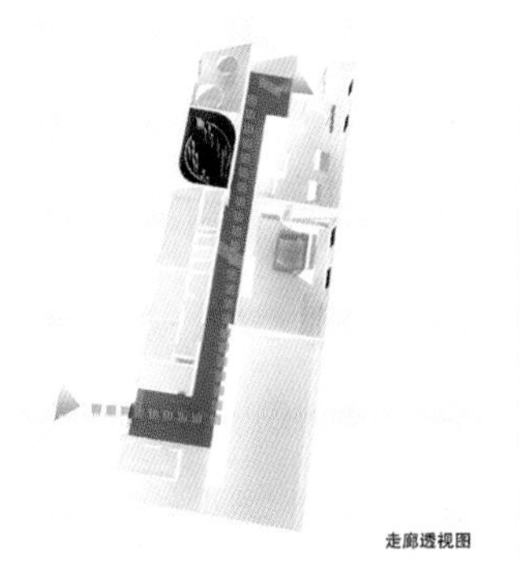

走廊透视图

设计点一：

通过设计成狭窄漫长走廊，来营造压抑的气氛。走廊的尽头空间由窄变宽，欲扬先抑。

走廊效果图

黑馆效果图

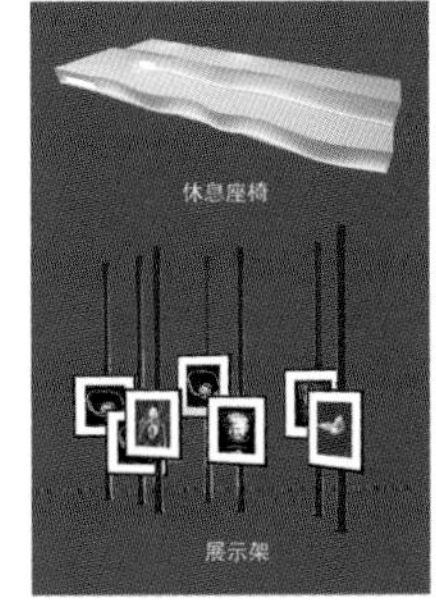

设计说明

黑馆：通过纯黑的空间带给人的压抑性来抑制人吸烟的欲望，以及以图片，影像等形式向人们展示吸烟带给人

走廊效果图

陈列区效果图

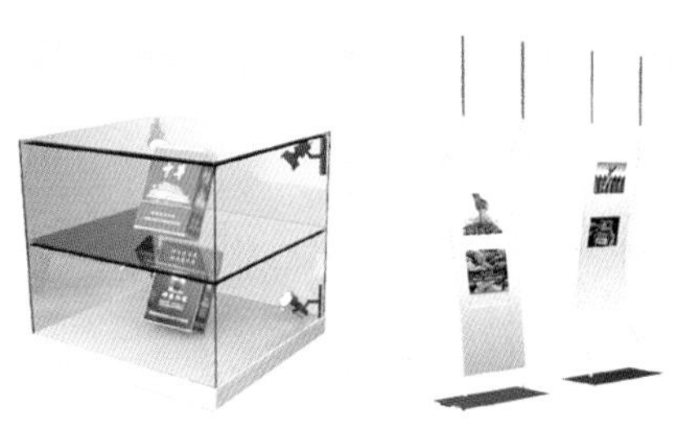

部分模型展示

三等奖

The Third Prize

作品名称

《“淘融”越南风情展馆空间设计》

院校	作者姓名	指导老师
广西师范学院	徐晓鹏	徐菲、李燕

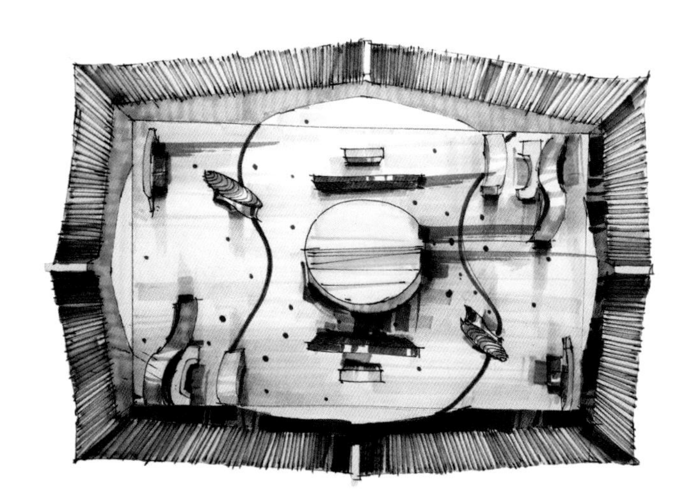

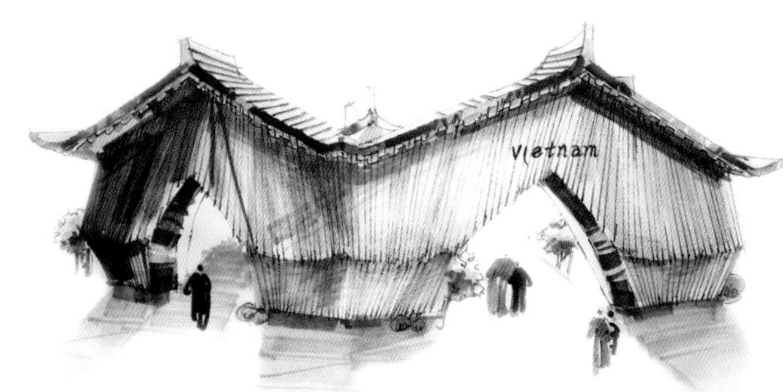

三等奖

The Third Prize

▎作品名称

《"回归"印度尼西亚展厅空间设计》

▎院校	▎作者姓名	▎指导老师
广西师范学院	仲媛	徐菲、李燕

三等奖

The Third Prize

▎作品名称

《Model Box: Keraton Restage》

▎院校	▎作者姓名	▎指导老师
National Academy of Arts, Culture & Heritage（马来西亚国家艺术文化与遗产大学）	Muhammad Hasni Amir	Azizul Zahid Jamal

Size: 59cm × 31cm × 42cm

室内设计类

Interior Design

一等奖

The First Prize

作品名称

《广西桂北木构建筑—— 一览芳华》

院校	作者姓名	指导老师
广西艺术学院	刘文飞、王倩倩	韦自力、肖彬

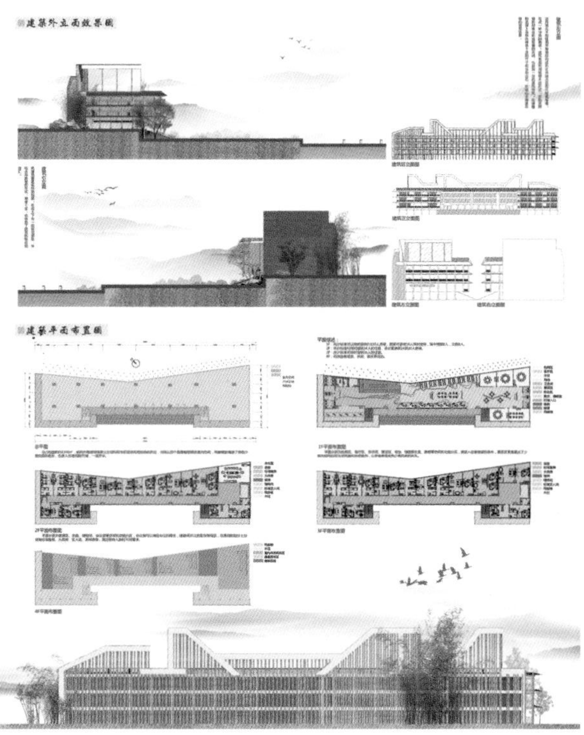

一等奖

The First Prize

作品名称

《重庆抗战兵工厂旧址博物馆设计》

院校

四川美术学院

作者姓名

陈草玉婷、张志峰、黄璐

指导老师

龙国跃

STREAMLINE流线

- Content -
- 展示内容 -

序厅：全国抗战背景

- Area -
- 展区面积 -

620 m ²

- Function District -
- 功能分区 -

01 咨询接待区
02 等待休息区
03 序厅

大厅轴测图

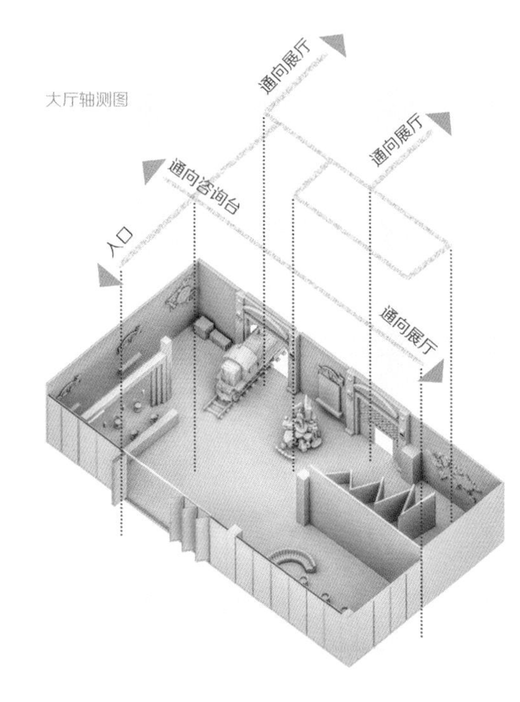

- Content -
- 展示内容 -

为抗战而迁：大迁移

- Effect Picture -
- 效果图 -

场景还原展示区

- Content -
- 展示内容 -

序厅：全国抗战背景
（大厅的整体设计是采用了“新与旧”的概念。“旧”元素主要融入了重庆的吊脚楼，利用了陪都时期的青砖、拱门。让参观者走入大厅就会有一种时代的带入感。“新与旧”元素概念的完美演绎，让不同年龄层的人都可以接受，不会觉得枯燥。）

- Effect Picture -
- 效果图 -

序厅

- Content -
- 展示内容 -

序厅：全国抗战背景
（大厅的整体设计是采用了“新与旧”的概念。“旧”元素主要融入了重庆的吊脚楼，利用了陪都时期的青砖、拱门。让参观者走入大厅就会有一种时代的带入感。“新与旧”元素概念的完美演绎，让不同年龄层的人都可以接受，不会觉得枯燥。）

- Effect Picture -
- 效果图 -

展示区

EFFECT PICTURE效果图

- Content -
- 展示内容 -

序厅：全国抗战背景
（大厅的整体设计是采用了“新与旧”的概念。“旧”元素主要融入了重庆的吊脚楼，利用了陪都时期的青砖、拱门。让参观者走入大厅就会有一种时代的带入感。“新与旧”元素概念的完美演绎，让不同年龄层的人都可以接受，不会觉得枯燥。）

- Effect Picture -
- 效果图 -

入口及咨询区

- Content -
- 展示内容 -

为抗战而战：时刻准备着
亦号洞入口由标志长江的光带引入，高高耸立的斑驳的铁柱标志着重庆。工人们围绕着簇簇火光，展示的是工人们眼里充满希望，日以继夜，期盼着胜利。
正面的楼梯样式取自“一波三折”，表明武器供给的不宜。纹路的原型是指纹，标示着胜利之路是由成千上万的人民用双手换来的。

- Effect Picture -
- 效果图 -

实物展示区

一等奖

The First Prize

▍作品名称

《Manchester United Club》

▍院校

Marantatha Christian University
（印度尼西亚玛拉拿达基督教大学）

▍作者姓名

Reza Octora

▍指导老师

Citra Amelia, S.Sn, MFA、Shirly Nathania Suhanjoyo, S. Sn., M. Ds.

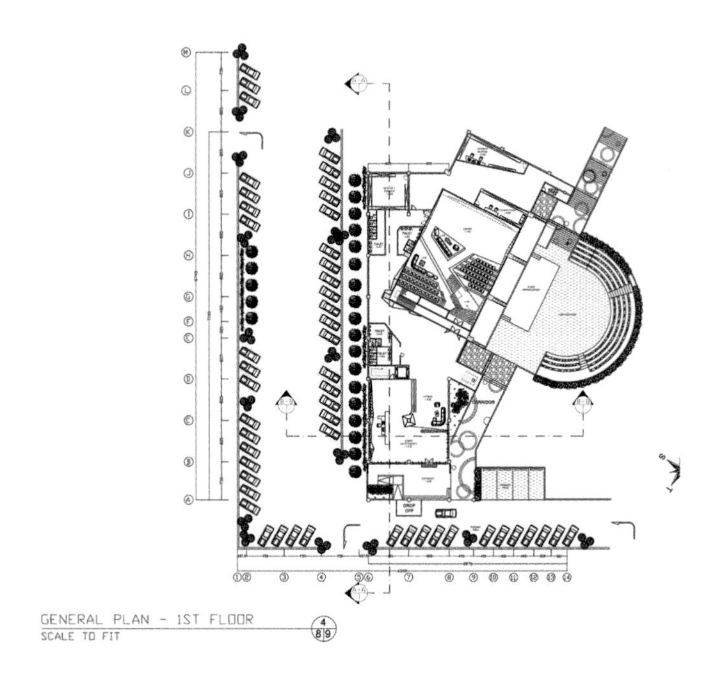

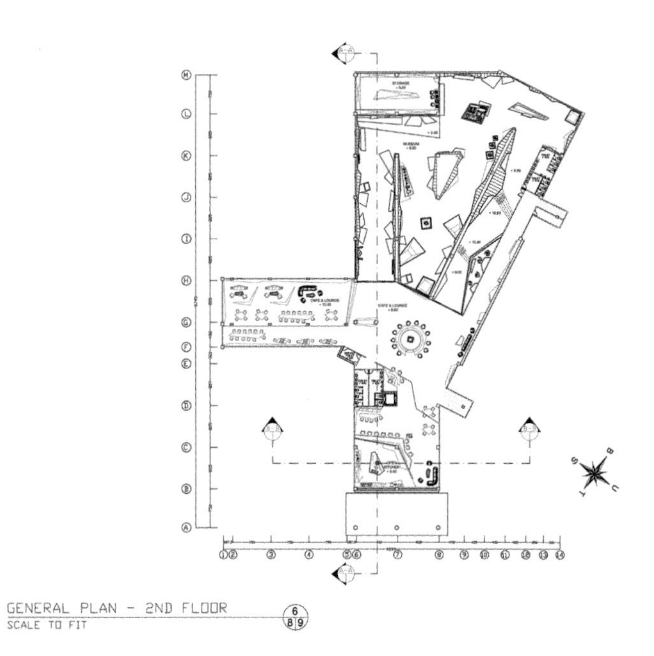

二等奖

The Second Prize

作品名称

《卧龙觅生酒店——探索人与动物共融空间》

院校 | 作者姓名 | 指导老师
四川美术学院 | 吕俊尧 | 许亮

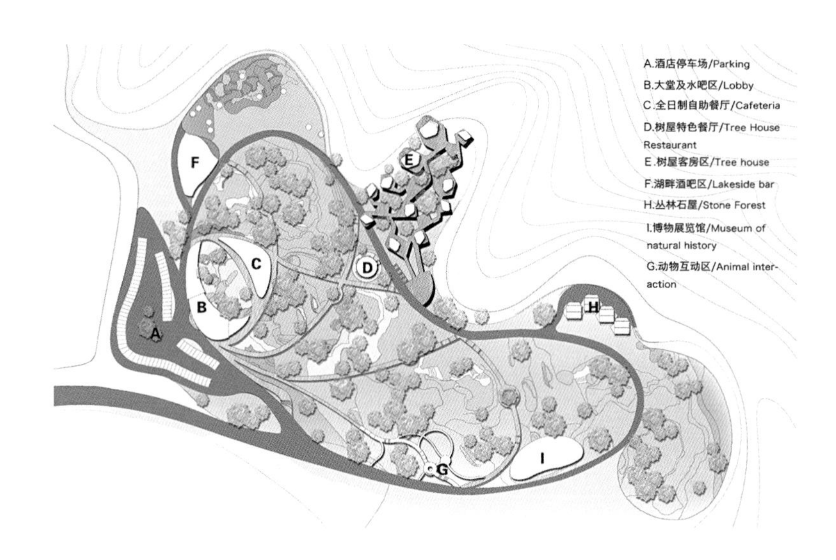

丛林石屋是设置在食肉性动物的森林石屋，石屋采用当地特有片岩建成，每个石屋都有自己的动物居所，卧室与动物巢穴一窗之隔，别有趣味。石屋内部客厅特地采用了当地羌族特有的火塘，传承了当地的民俗文化。

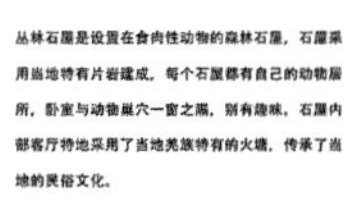

餐厅上采用了室内室外化的手法，将室外的场景带到室内空间里来，树枝、鸟巢、土墙都到室内的空间里来，餐厅的屋顶顶空留了鸟自由出入的室内鸟巢的出入口，再将顶空与鸟巢用玻璃进行封闭，既提供给了鸟都对自由的空间，也保证了游客的安全性。

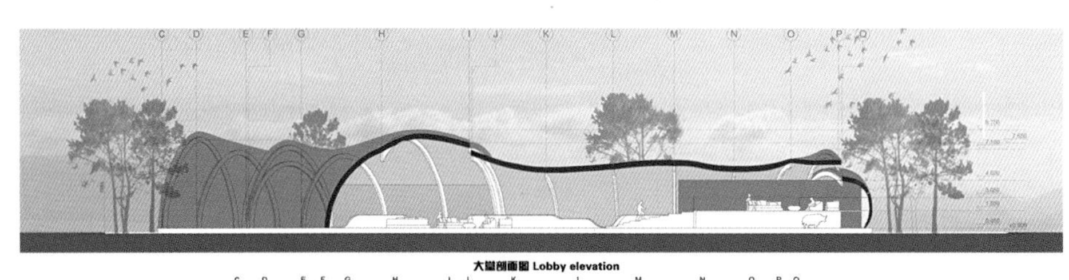

大堂剖面图 Lobby elevation

大堂立面图 Lobby elevation

大堂立面图 Lobby elevation

二等奖

The Second Prize

作品名称

《碧·然——三亚温德姆度假酒店大堂室内设计》

院校 四川美术学院

作者姓名 张晓鹏、王兴琳、唐瑭、刘玉妍

指导老师 龙国跃

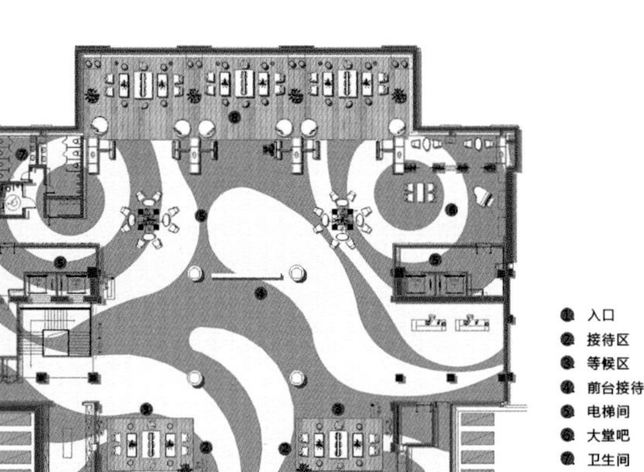

1. 入口
2. 接待区
3. 等候区
4. 前台接待
5. 电梯间
6. 大堂吧
7. 卫生间
8. 露台

分层图

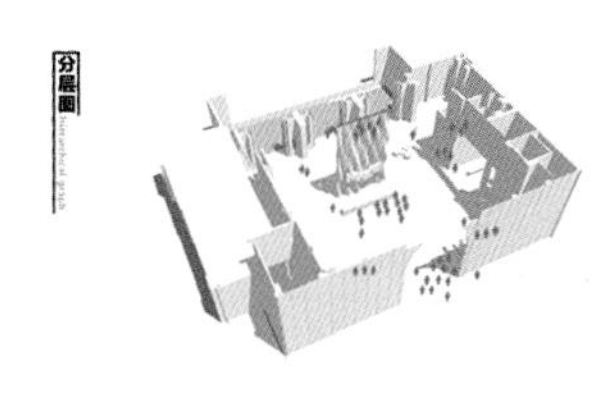

人群分布图
Population distribution

对人群行走路线经行分析计算，并对人群停留点经行记录，得出人群功能需求度。

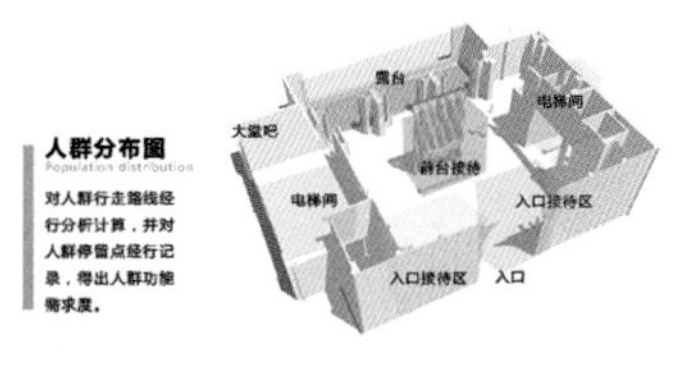

功能分区图
Function zoning map

通过对人群行为分析后，得出合理功能区域规划。针对每个具体功能区域依据人体工程学进行设计。

流线分析图
Streamline diagram

通过环境与人之间的行为习惯分析得出人群最佳动线。

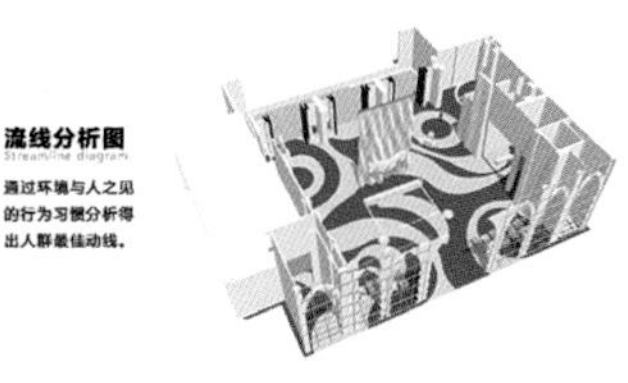

地面铺装图
Ground pavement map

立足于三亚独有的风景——海浪，进行元素提取与运用，丰富地面形势。

大堂门厅设计 Lobby design

全通透玻璃设计，在满足酒店大堂采光的同时，整体空间更为开阔，设计中注意到前后空间的通透性呼应，满足空间与自然的融洽，运用海风风向调节室内大堂空间的空气质量与环境氛围。

大堂柱设计 Lobby column design

大堂柱体来源于热带椰子树造型，通过对椰子树主干和叶子的造型提取，揉和在一起并经行重新组合，旋转形成柱体形式。使空间丰富，并具有层叠错落的视觉冲击力。

二等奖

The Second Prize

作品名称

《壶里·茶外》

院校	作者姓名	指导老师
江南大学	李泓葳	窦晓敏

方案分析

PROGRAM ANALYSIS

軸側圖

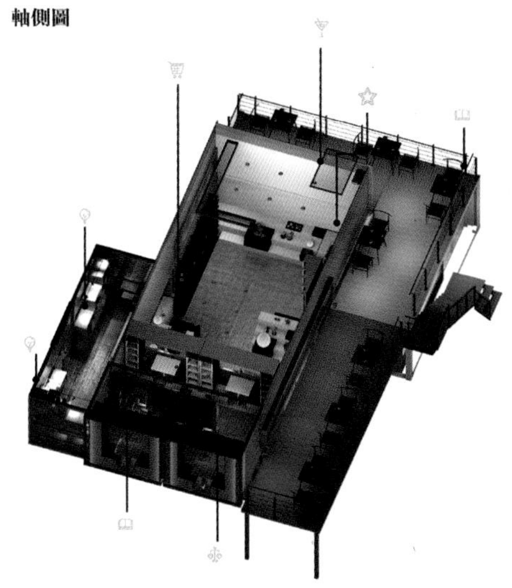

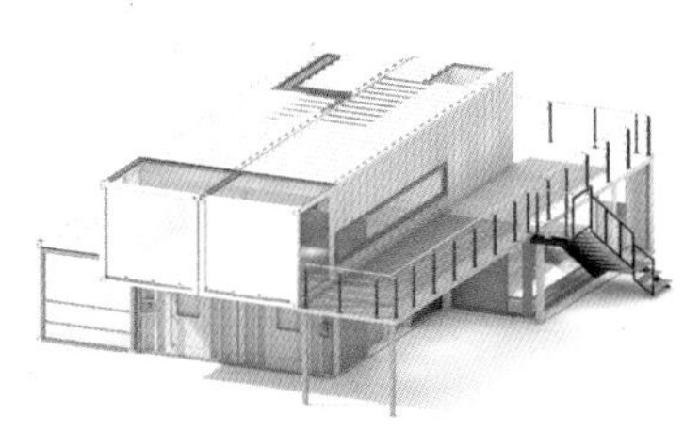

快捷飲品販賣區

主要購物區

櫥窗展示區

中心展示區

休憩閱讀區

收銀服務區

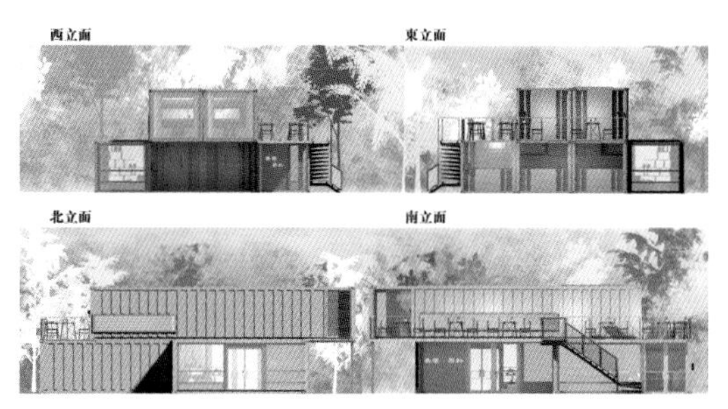

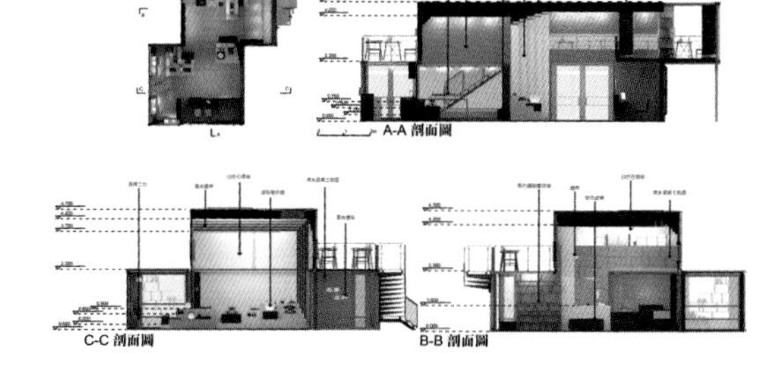

成果展示

ACHIEVEMENT EXHIBITION

室外夜間效果圖

室外效果圖

店铺起名为壶里茶外，既是售卖紫砂壶的专卖店，同时也是供人体验茶文化休闲放松的场所。壶里也是只紫砂壶里本身的气韵同时也代指壶里的茶，茶外指泡茶用的紫砂壶，同时又暗指中华文化将茶渗透到人生哲学的层面，在体验中国茶饮品的同时不断思考。

店铺为四个大集装箱和两个小集装箱组成，箱体之前的集中组合和错位悬挑形成了这样的外形结构。颜色以材料本身的颜色为主，主要为浅灰色和黑色，与江南水乡青灰色的基调相协调。

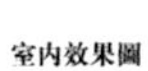

室内效果圖

室内主要用清水混凝土贴面，和白色石膏板组成一套将展柜延伸到吊顶的一套装置，创造了一个有力的连续的空间，从天花到地面蔓延这阶梯，家具不仅仅是家具，也是空间的一部分，并延续了视线，使室内空间更加有趣，使用在大空间中相对精致的灯带和台灯，营造出中国古典艺术高贵典雅的室内气质。

白色的石膏板上放置商品，更能突出商品本身的材质，将体验者的重点全部放在商品本身上，以产生经济效益。

二等奖

The Second Prize

▌作品名称

《阑杉——湘西干阑式传统匠人坊设计》

▌院校	▌作者姓名	▌指导老师
江南大学	鲁玥池	宣炜

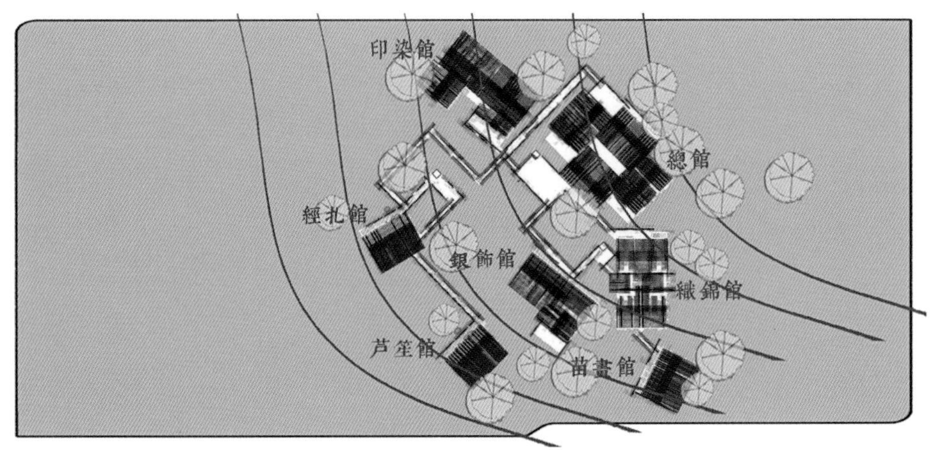

總平面

與銀飾館相鄰的是苗畫館，在湘西的吊脚樓中，
隨處可見裝飾的苗畫。苗畫本是起源于苗綉的圖樣。
後來經過發展逐漸發展成爲一種獨立的畫種。
湘西苗畫，色彩明亮鮮艷。
帶有十分濃厚的湘西地域民族特色。

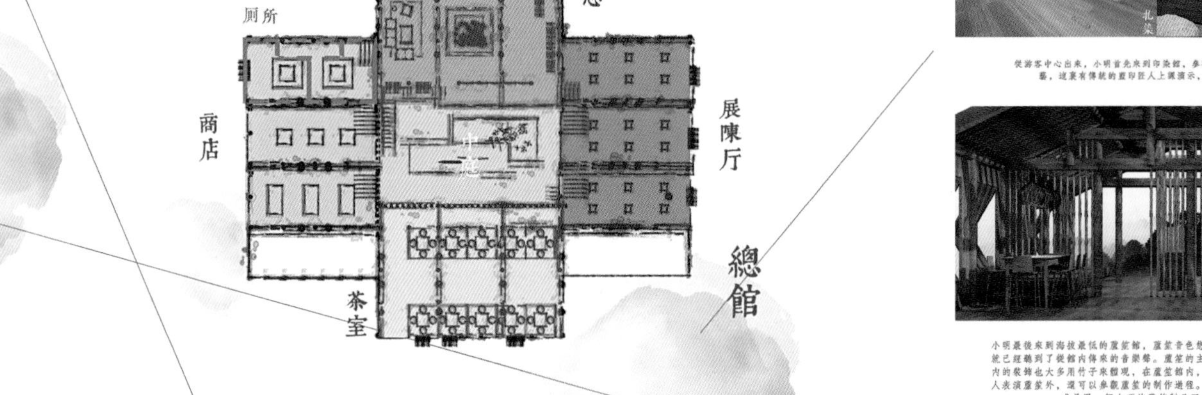

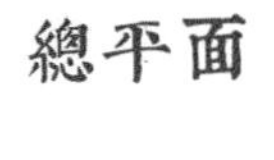

從游客中心出來，小明首先來到印染館，參觀體驗湘西著名的藍印工藝，這裏有傳統的藍印匠人上課演示，還可以自己體驗。

小明最後來到海拔最低的蘆笙館，蘆笙音色悠揚，還在棧道上的小明就已經聽到了從館内傳來的音樂聲。蘆笙的主要制作材料是竹子，館内的裝飾也大多用竹子來體現，在蘆笙館内，除了能看當地的民間藝人表演蘆笙外，還可以參觀蘆笙的制作過程。自己也可以動手體驗，或是買一個小巧的蘆笙制品回去紀念。

二等奖

The Second Prize

作品名称

《60～80年代动漫电影展示空间设计》

院校

山东建筑大学

作者姓名

赵文华

指导老师

陈华新、薛娟

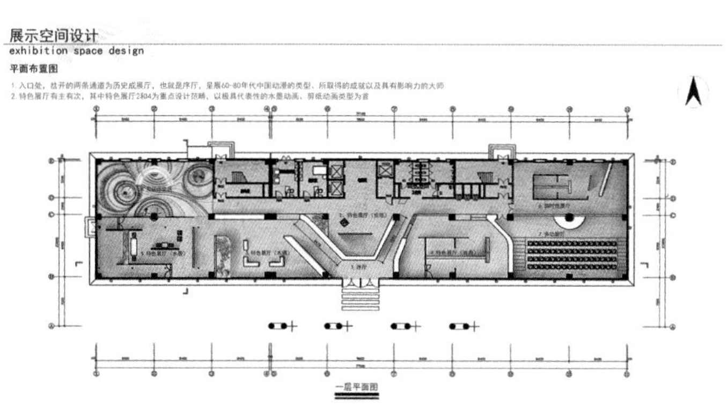

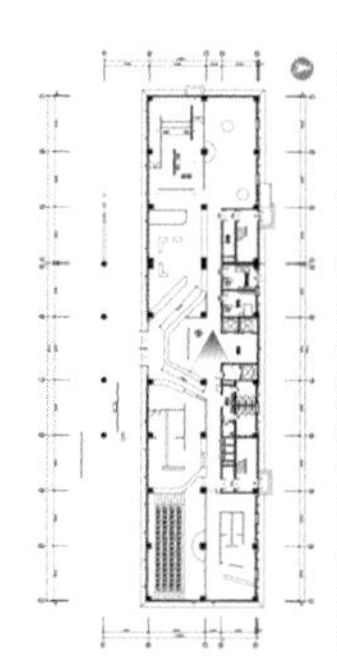

效果图展示：特色展厅

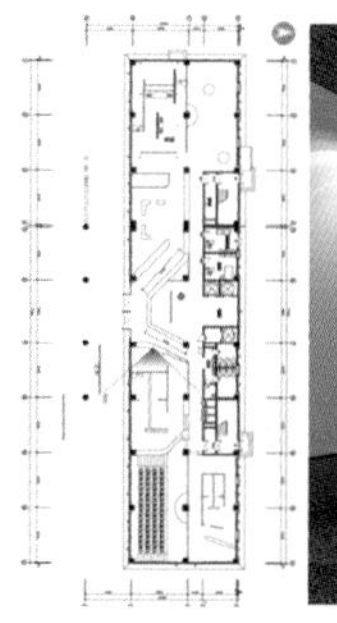

效果图展示：特色展厅

二等奖

The Second Prize

作品名称

《静月》

院校

广西民族大学

作者姓名

蒙彩妹

指导老师

赵悟、韦红霞

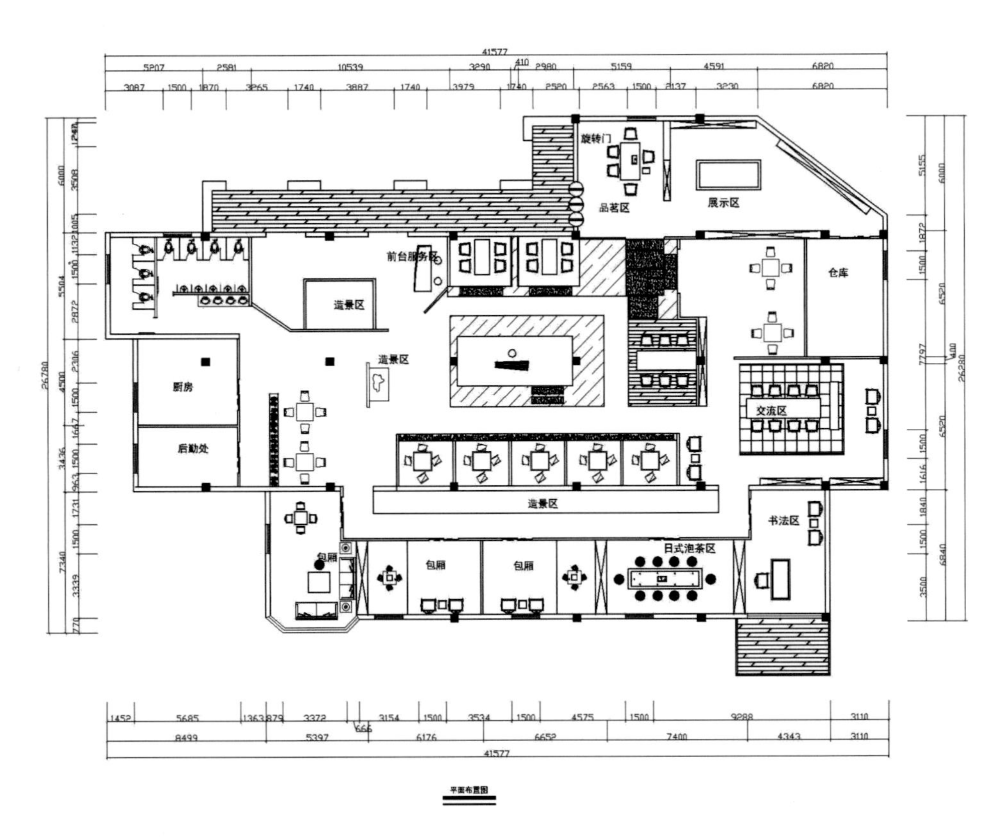

二等奖

The Second Prize

作品名称

《书林——清新工业风咖啡书吧休闲空间设计》

院校	作者姓名	指导老师
广西师范学院	轩银翠	徐菲

二等奖

The Second Prize

作品名称

《 Riverside Suite and Villa 》

院校

Marantatha Christian University
（印度尼西亚玛拉拿达基督教大学）

作者姓名

Michael Fernando

指导老师

Lisa Levina K Jonatan, S.Sn, M.Ds、Shirly Nathania Suhanjoyo, S. Sn., M. Ds.

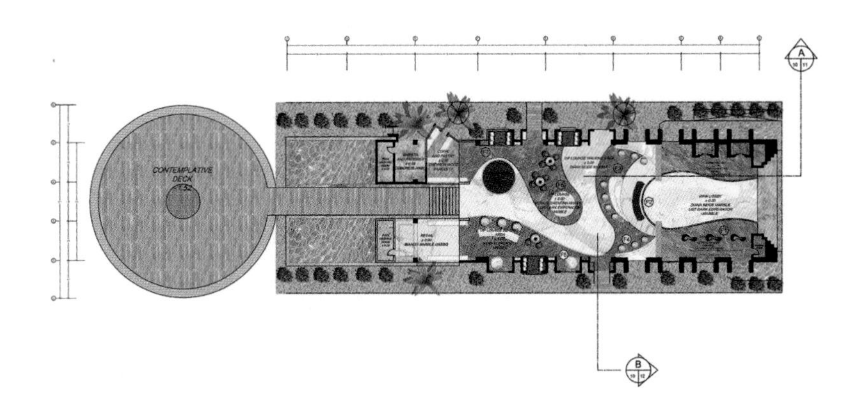

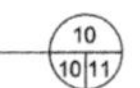

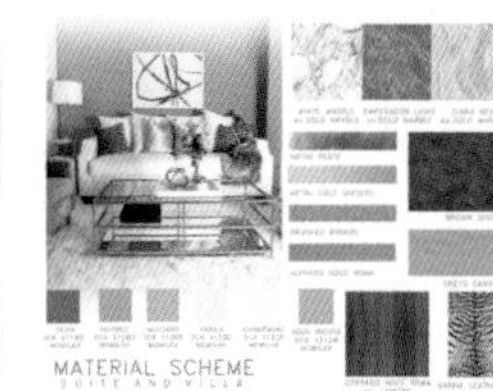

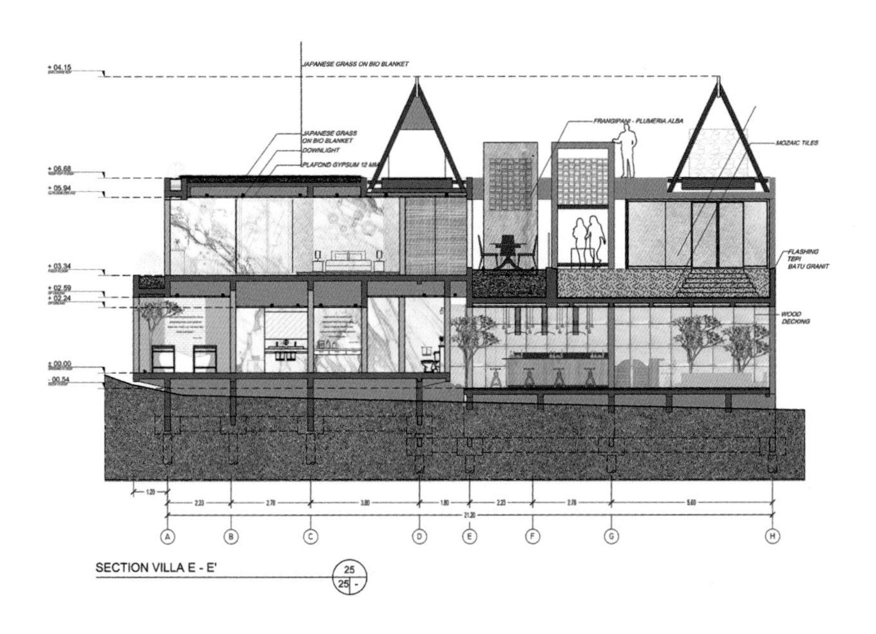

二等奖

The Second Prize

作品名称

《墨渊》

院校

广西艺术学院

作者姓名

李国升、谢韵、张垚烨、唐骁

指导老师

韦自力、肖彬

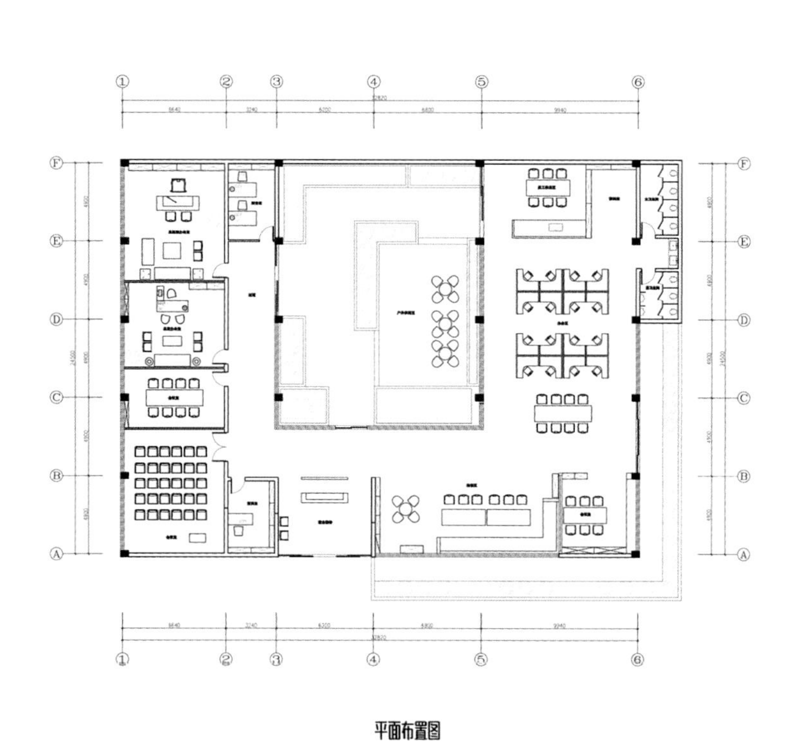

平面布置图

二等奖

The Second Prize

作品名称

《三分之一胶囊酒店》

院校

广西艺术学院

作者姓名

陈佳怡、严珩予

指导老师

韦自力、肖彬

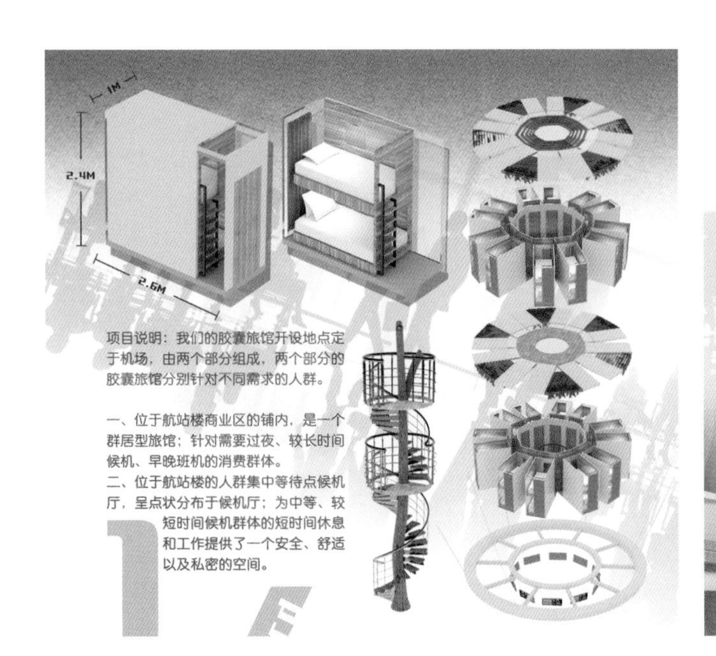

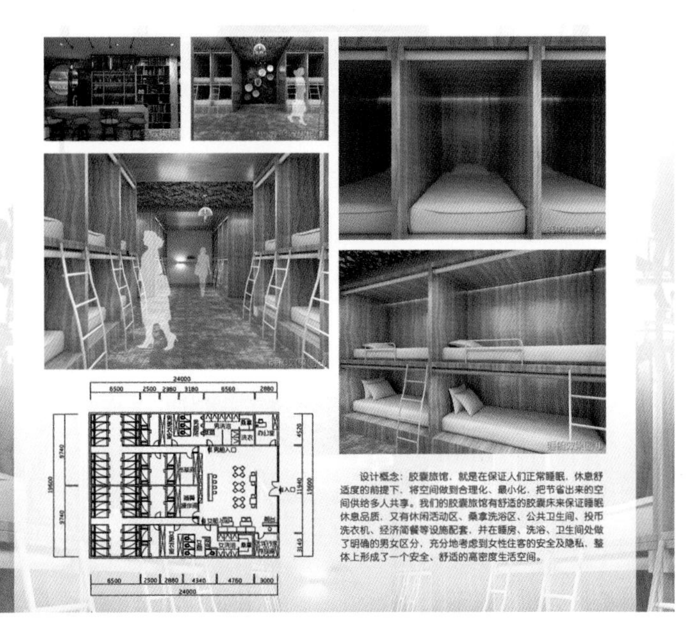

三等奖

The Third Prize

作品名称

《旧厂房再利用》

院校

广西艺术学院

作者姓名

湛颖、姚家宝、刘九明

指导老师

韦自力、肖彬

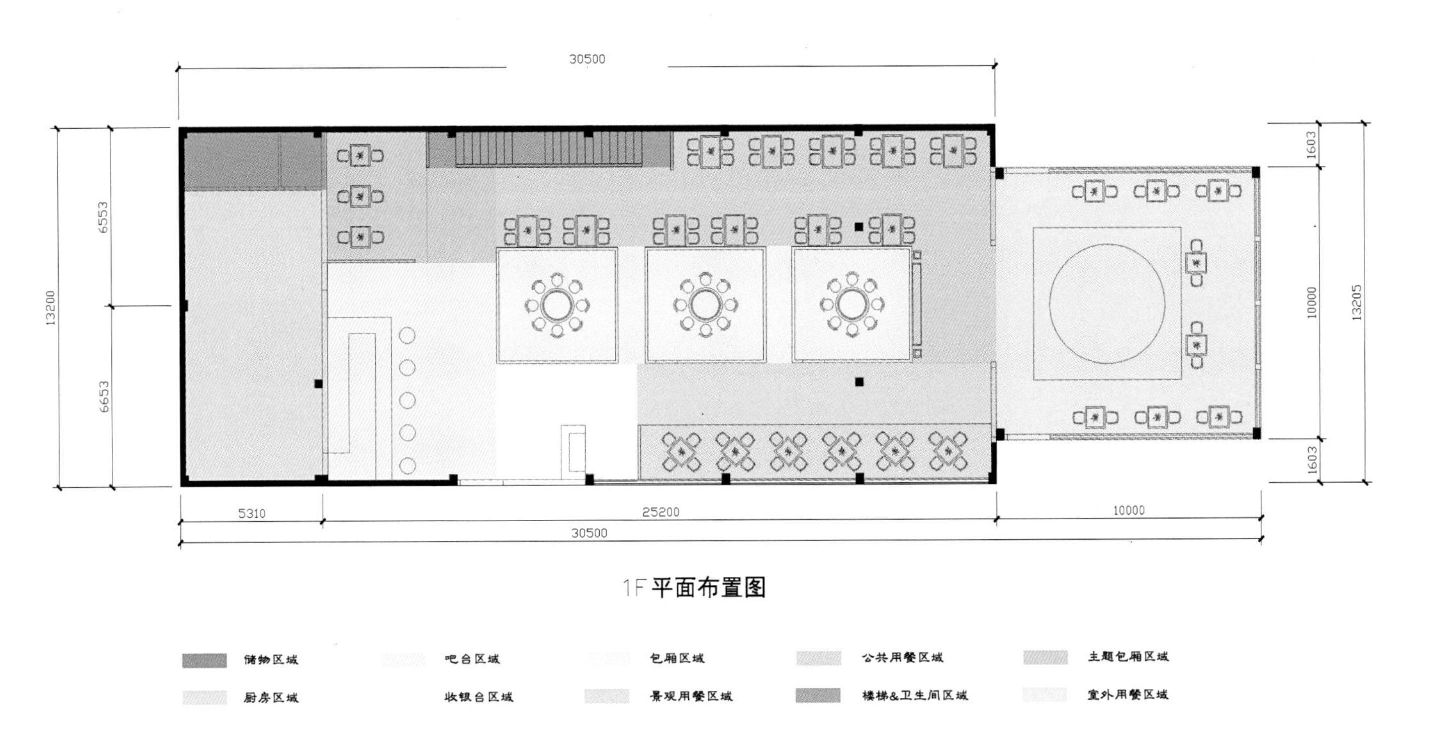

1F 平面布置图

储物区域 厨房区域 吧台区域 收银台区域 包厢区域 景观用餐区域 公共用餐区域 楼梯&卫生间区域 主题包厢区域 室外用餐区域

三等奖

The Third Prize

作品名称

《未来的模块化组合房屋集装箱改造》

院校	作者姓名	指导老师
广西艺术学院	陈熙、黄敏、刘润华	罗薇丽、陈罡

三等奖

The Third Prize

作品名称

《H^3BOX大学生创客中心》

院校

广西艺术学院

作者姓名

钟萱敏、刘虹莹

指导老师

罗薇丽、陈罡

三等奖

The Third Prize

作品名称

《融彻·咖啡厅——综合性休闲体验空间》

院校	作者姓名	指导老师
四川美术学院	李曾臻	沈渝德

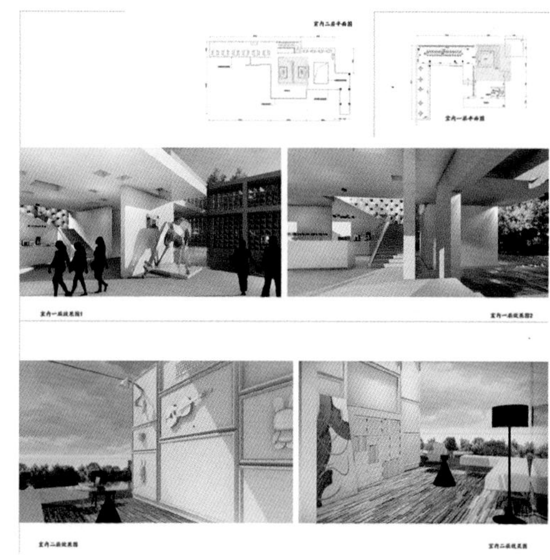

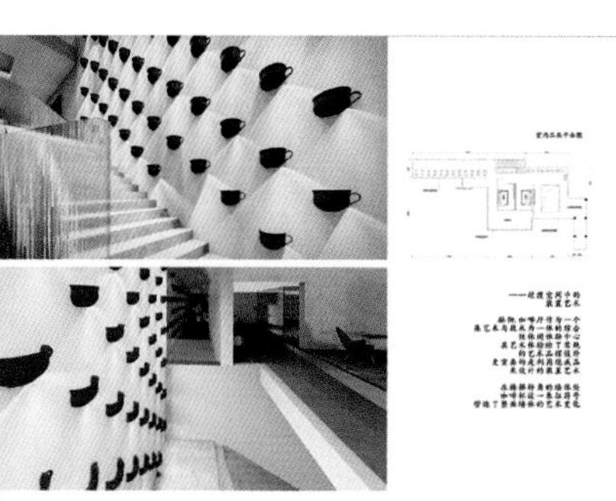

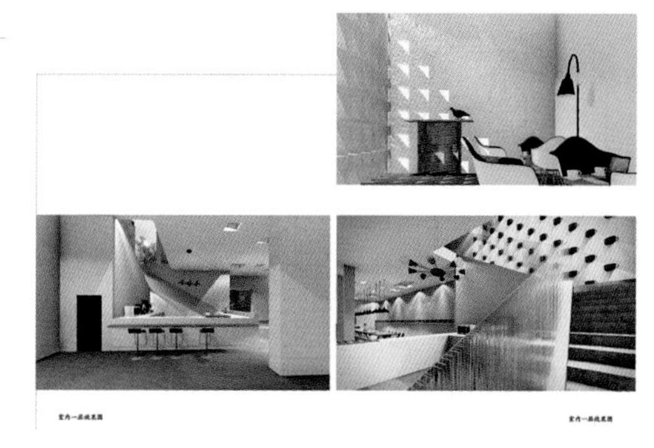

室内二层平面图

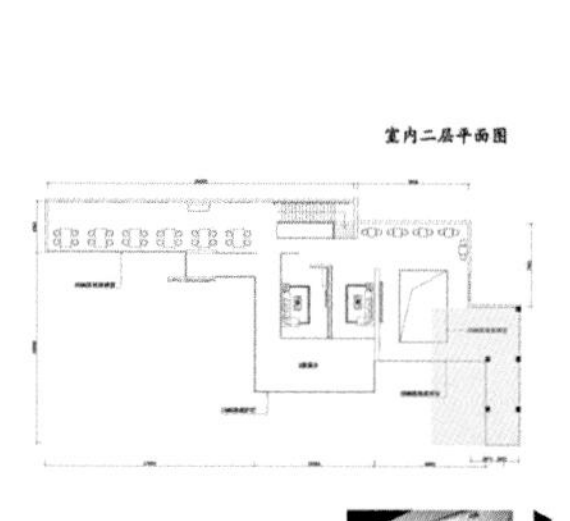

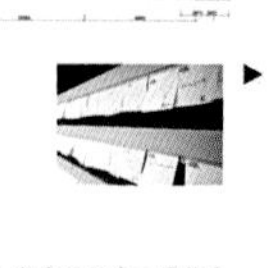

留言区 留言区设在二楼转角的长廊尽头。墙面上附有便利纸条，人们可在上面留言

三等奖

The Third Prize

作品名称

《三亚国康度假式疗养中心》

院校	作者姓名	指导老师
四川美术学院	申思、罗潇	刘蔓

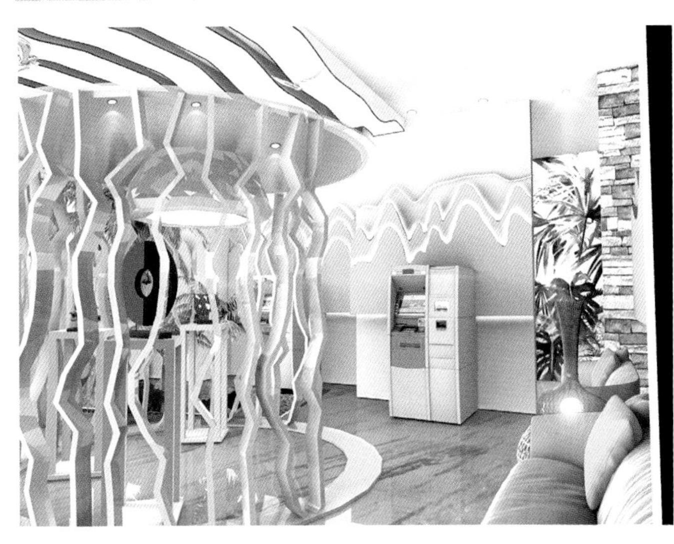

三等奖

The Third Prize

作品名称

《踏趣拾韵——民间玩具体验博物馆空间设计》

院校	作者姓名	指导老师
四川美术学院	於稼田、施思	张倩

室内分析图

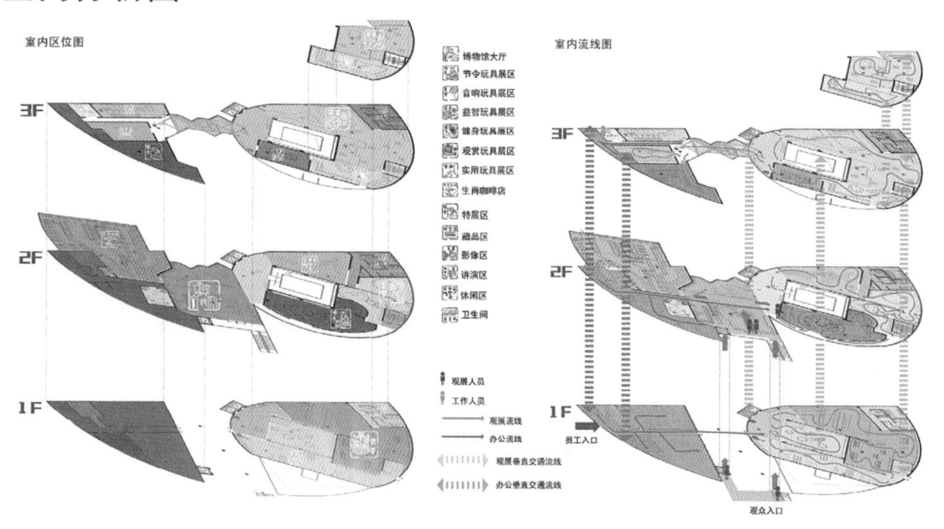

博物馆大厅设计

咖啡厅设计

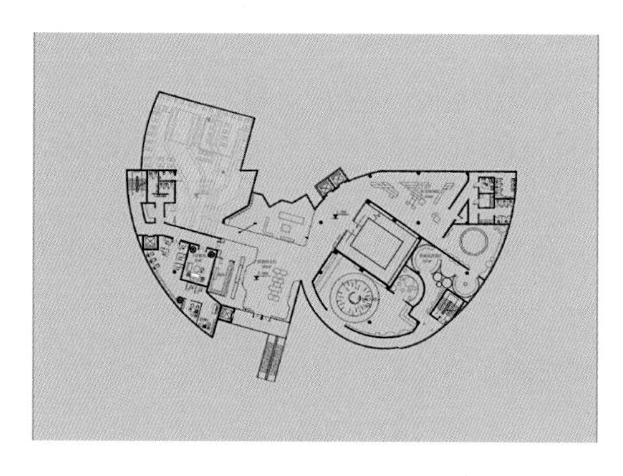

生肖咖啡区效果图

观赏玩具展厅设计

益智玩具展厅设计

时令玩具展厅设计

健身玩具展厅设计

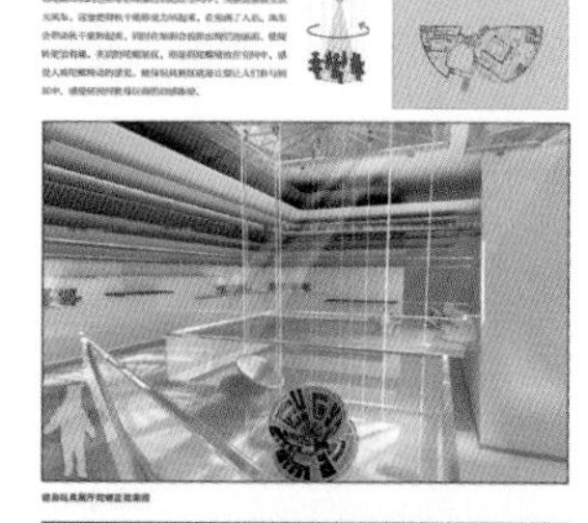

三等奖

The Third Prize

作品名称

《隐丘栖林——新型葬仪纪念馆设计》

院校
江南大学

作者姓名
陈祥

指导老师
宣炜

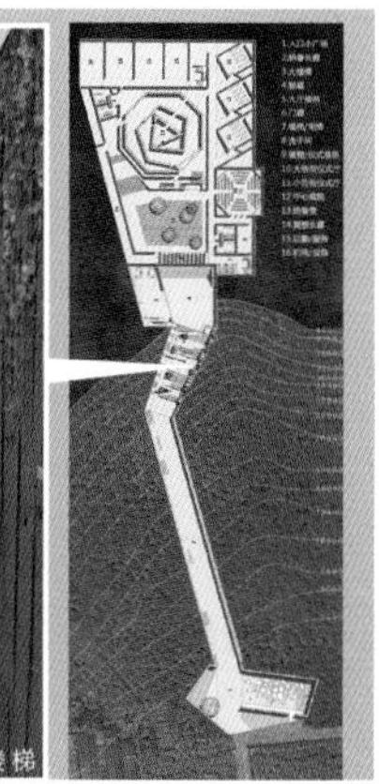

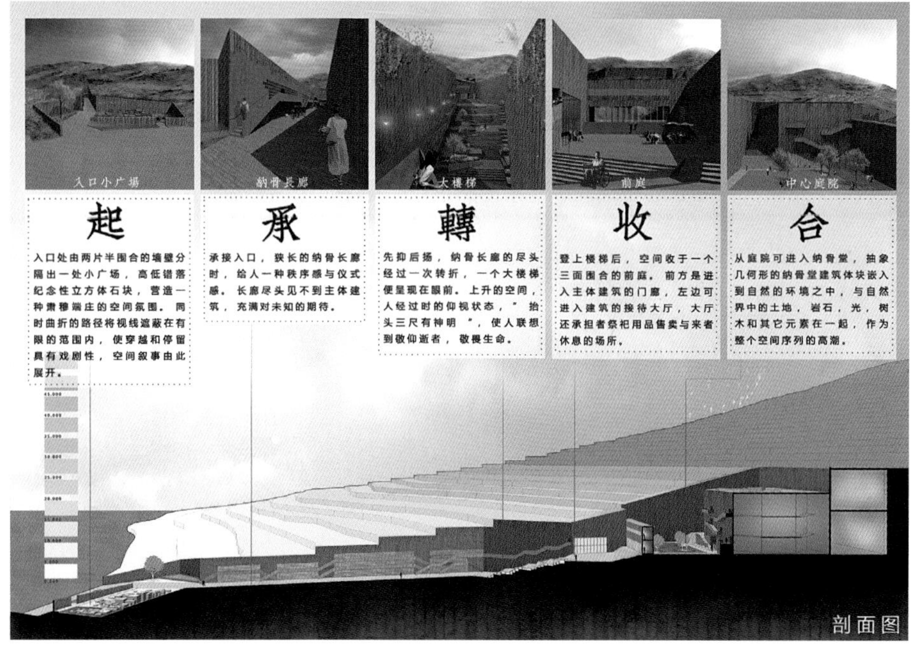

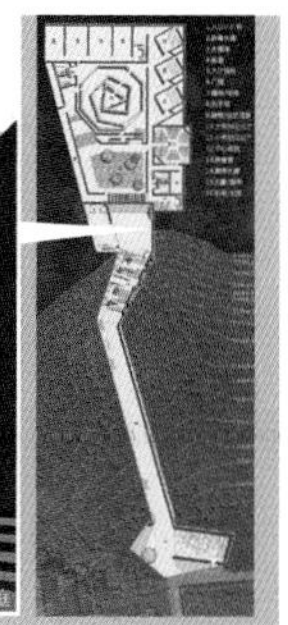

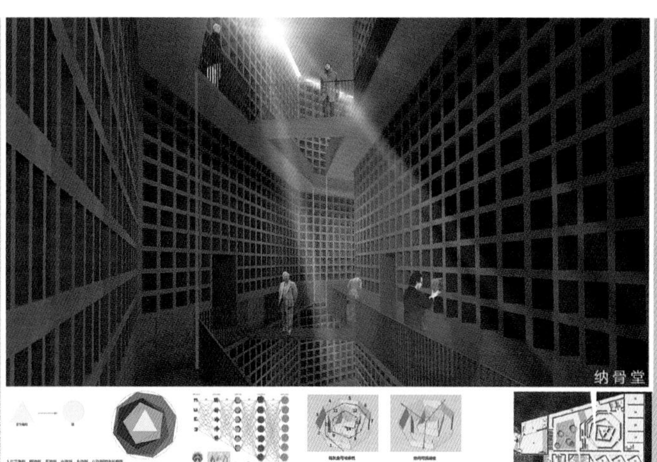

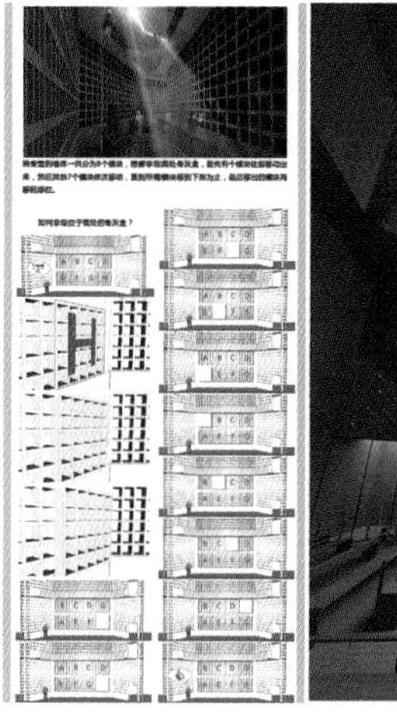

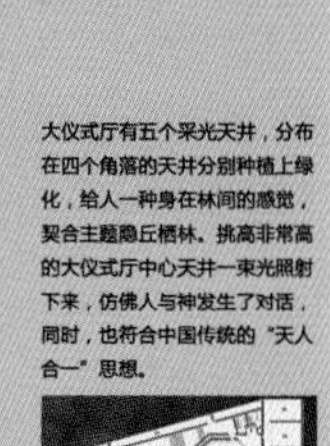

三等奖

The Third Prize

作品名称

《解忧寄忆——都市人群心灵驿站设计》

院校

江南大学

作者姓名

荣惠

指导老师

宣炜

建筑效果图

公共讲堂

二层冥想室

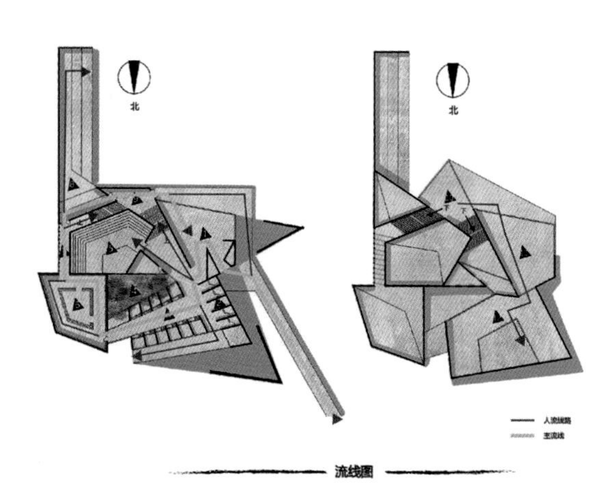

流线图

漂流处

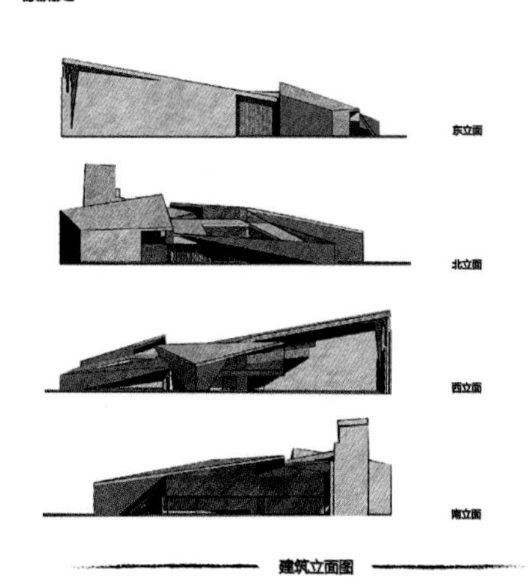

建筑立面图

三等奖

The Third Prize

作品名称

《SKETCH · UP——青年成长型集合生活体设计》

院校	作者姓名	指导老师
江南大学	梁敏珊、阮姿霖	宣炜

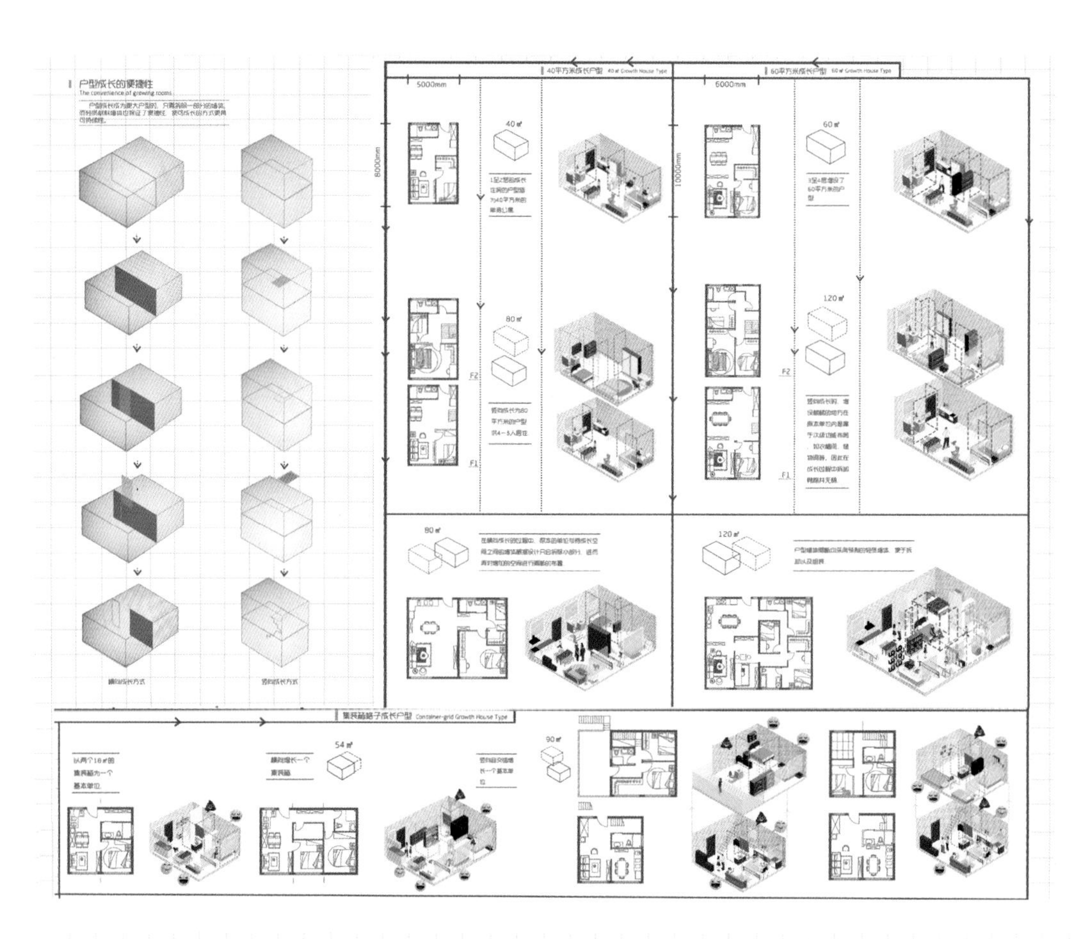

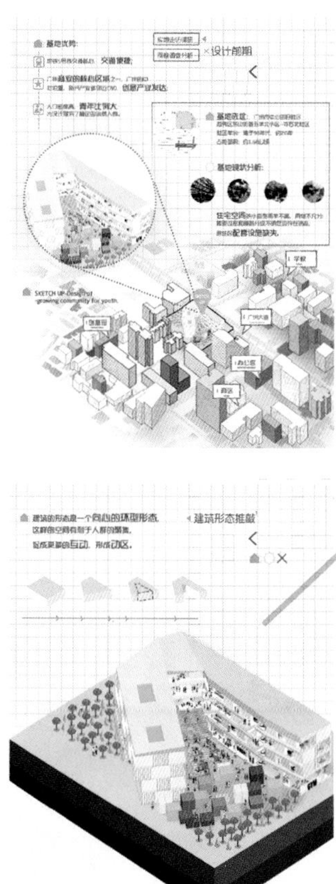

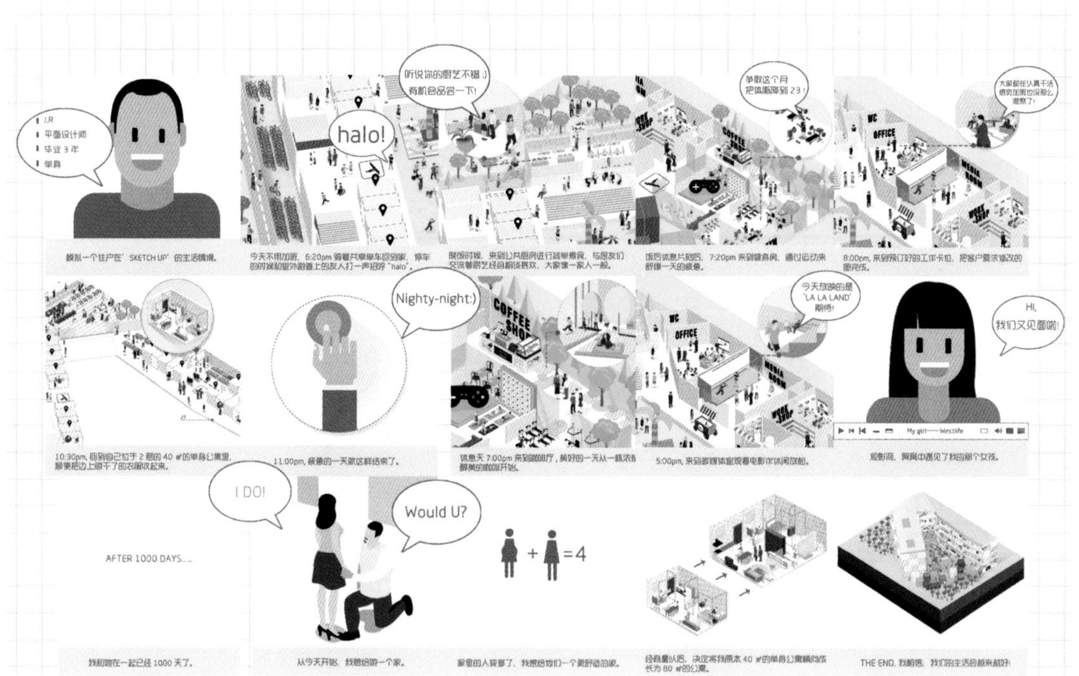

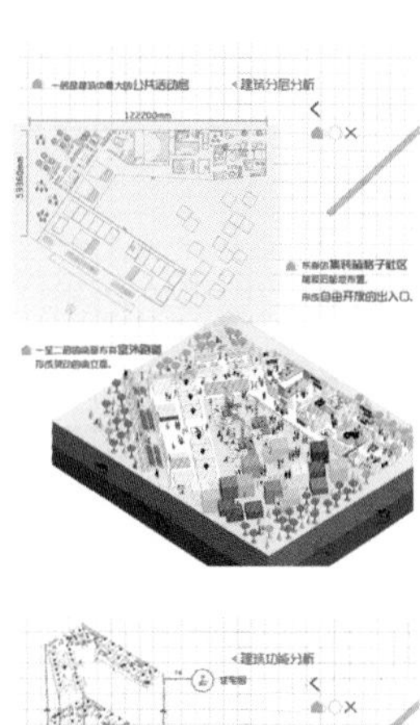

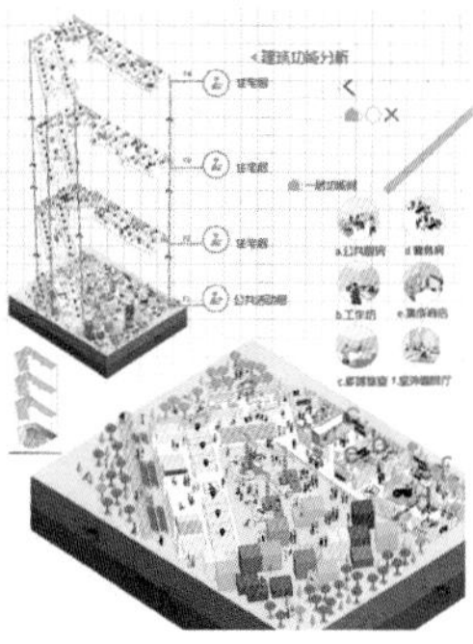

三等奖

The Third Prize

作品名称

《“圆”木风轻》

院校

广西民族大学

作者姓名

刘欢

指导老师

赵悟、韦红霞

三等奖

The Third Prize

作品名称

《斑光斓彩》

院校

广西民族大学

作者姓名

刘肖

指导老师

李宏

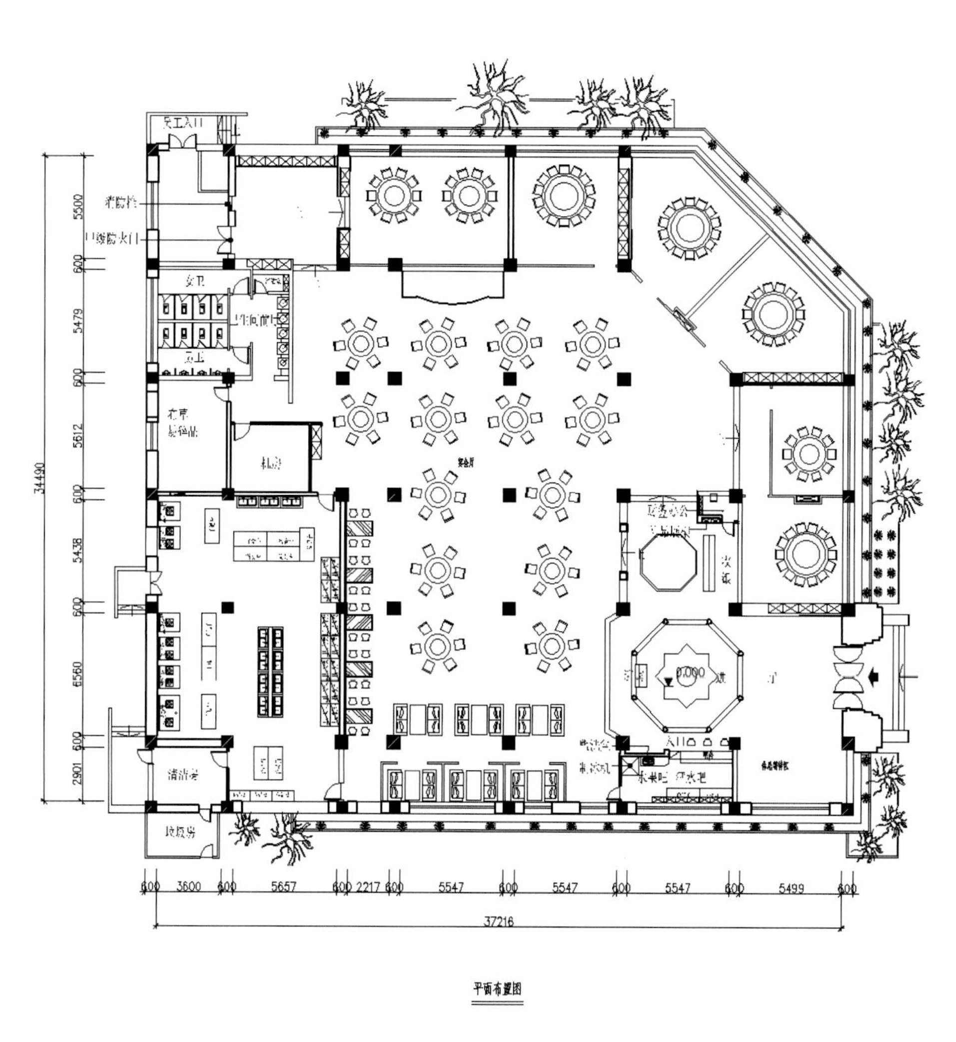

三等奖

The Third Prize

作品名称

《瑕瑜》

院校

广西民族大学

作者姓名

蒙瑜官

指导老师

蔡安宁

三等奖

The Third Prize

作品名称

《绿墙》

院校

广西民族大学

作者姓名

张晓彤

指导老师

李宏

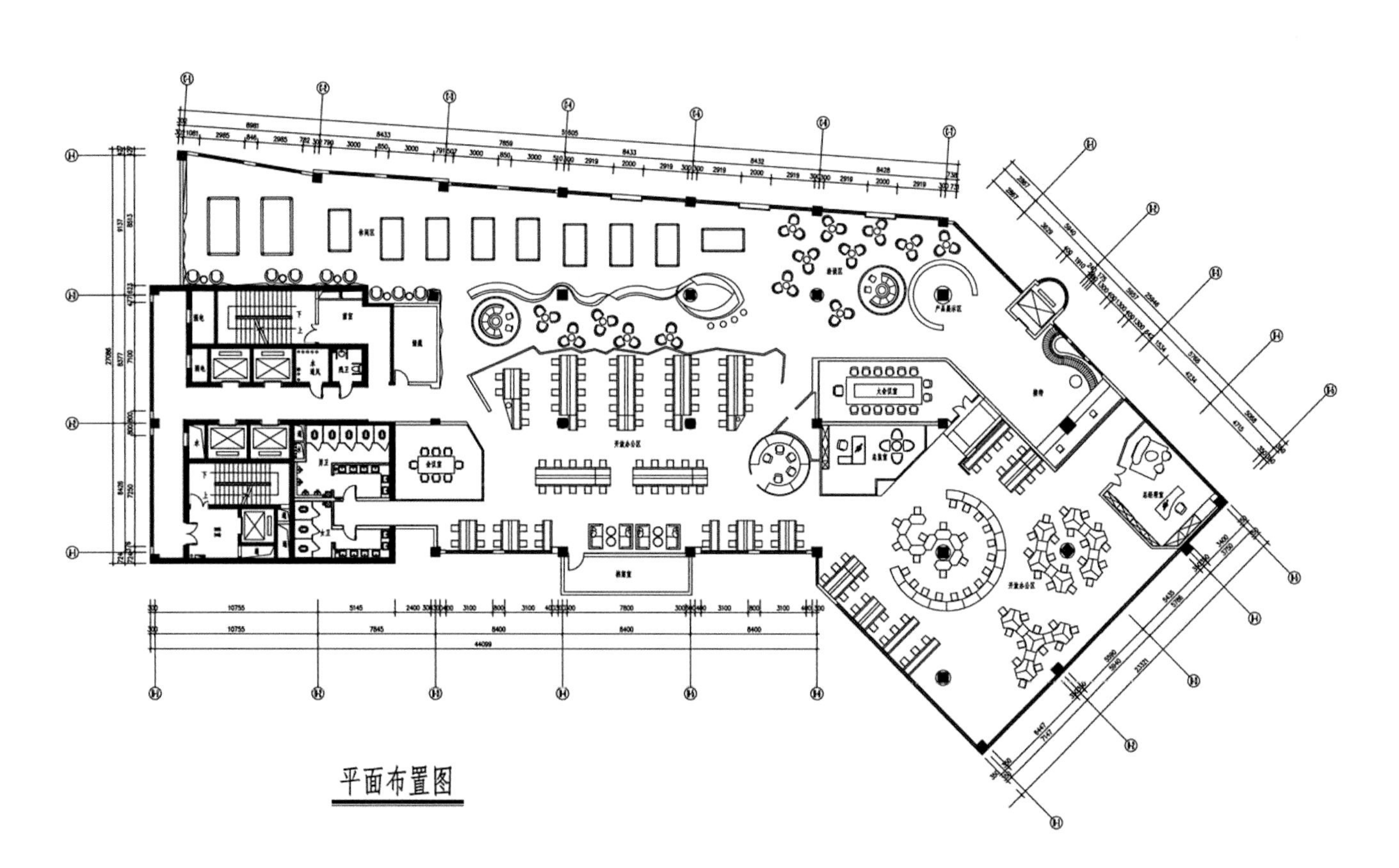

三等奖

The Third Prize

作品名称

《禾味日式料理餐饮空间设计》

院校	作者姓名	指导老师
广西师范学院	郭瑞瑶	徐菲

三等奖

The Third Prize

作品名称

《E-Sport Community Center》

院校

Marantatha Christian University
（印度尼西亚玛拉拿达基督教大学）

作者姓名

Andrew Haskara Kurniawan

指导老师

Yuma Chandrahera, S.Sn., M.Ds、Shirly Nathania Suhanjoyo, S. Sn., M. Ds.

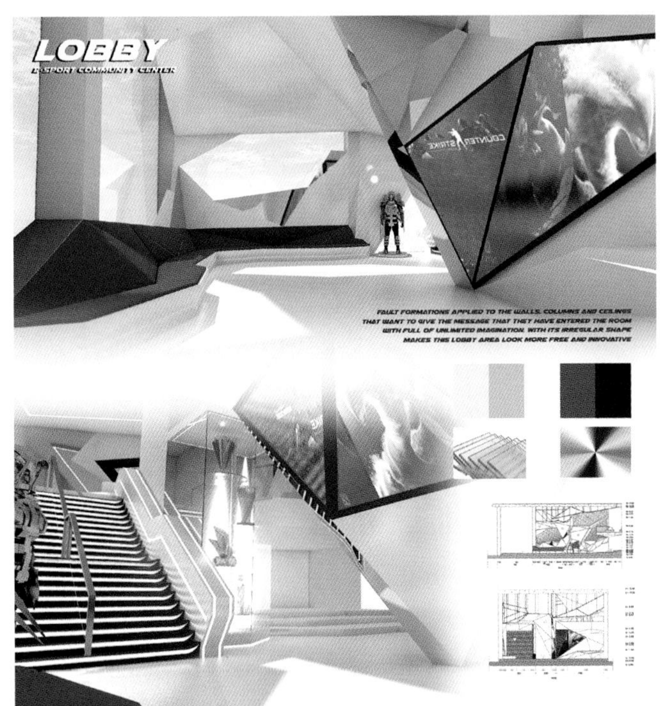

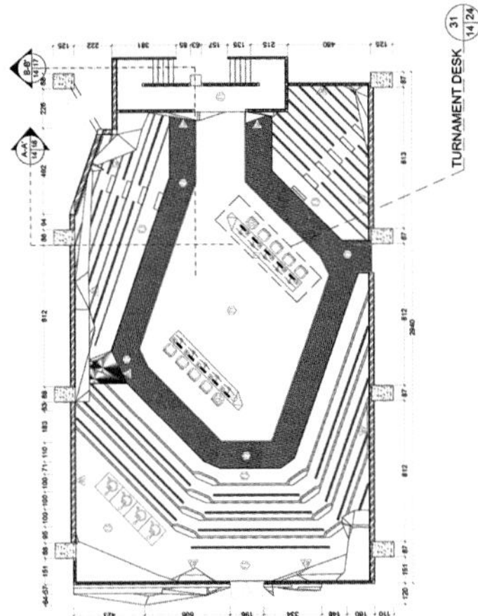

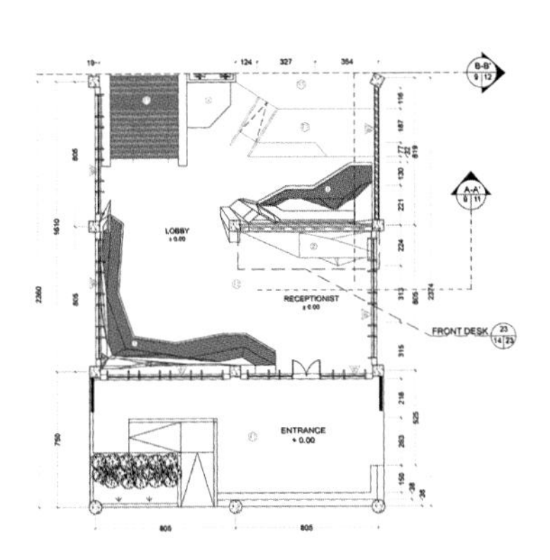

景观设计类

Landscapes Design

一等奖

The First Prize

作品名称

《起风——风能·可持续生态景观桥梁设计》

院校	作者姓名	指导老师
四川美术学院	刘怡、孙凯瑞	龙国跃

一等奖

The First Prize

作品名称

《武钢 · 乌托——武汉青山旅游码头改造设计》

院校	作者姓名	指导老师
江南大学	沈梦宇	杜守帅

长江汉段流域图在 12 月份至次年 3 月份为枯水期，5 至 10 月份为丰水期。枯水期和丰水期落差约为 15 米。

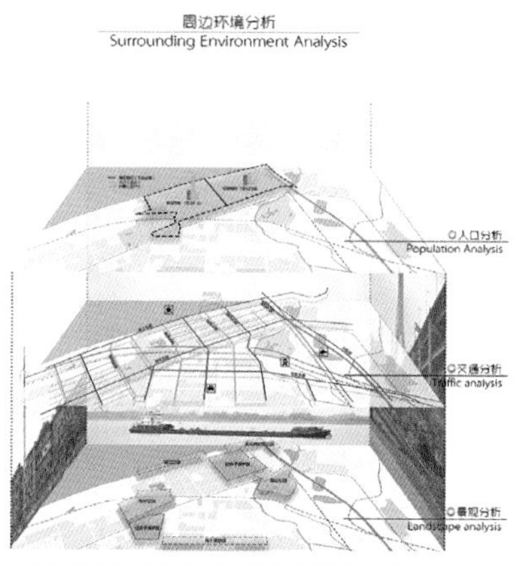

青山滨江地区北邻长江，拥有临江大道，和平大道等城市主干线东西向穿越，自东往三环线和天兴洲长江大桥，交通便捷。场地的红房子保护区为工业老城区，周边还有临江公园、天兴洲大桥公园等各形式的城市景点。

场地拥有优越的交通条件和滨水的自然环境资源，是青山区对外展示城区风貌的窗口地带。

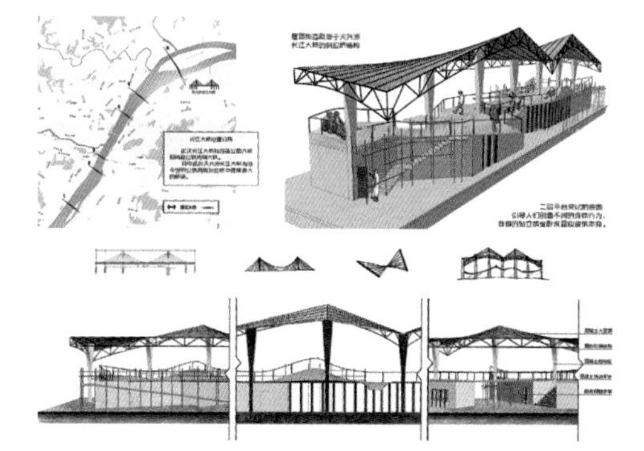

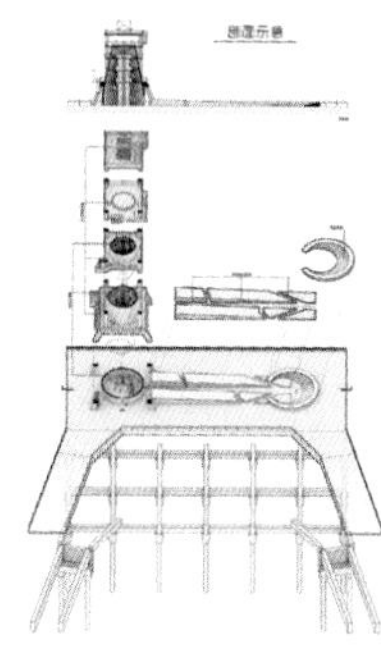

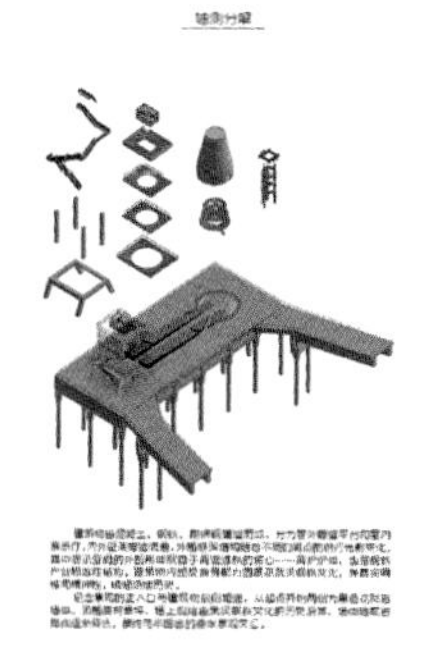

存在问题
Existing Problem

1. 长江两岸分布有大量趸船码头，景观别无二致。
→设计应着重结合青山区的钢铁文化，创造具有地标性的景观形象。

2. 场地南侧为大片老旧居住区，但场地周边缺少基础设施，仅有场地内遗留的部分工业港口遗迹。（存在人口流失、活力下降等问题）
→需要开发场地功能以吸引人群，并满足多种公共活动。

3. 基地临江地带生态退化严重，大部分为滩涂，并长期荒置。
→必须进行绿色生态系统的恢复与重建。

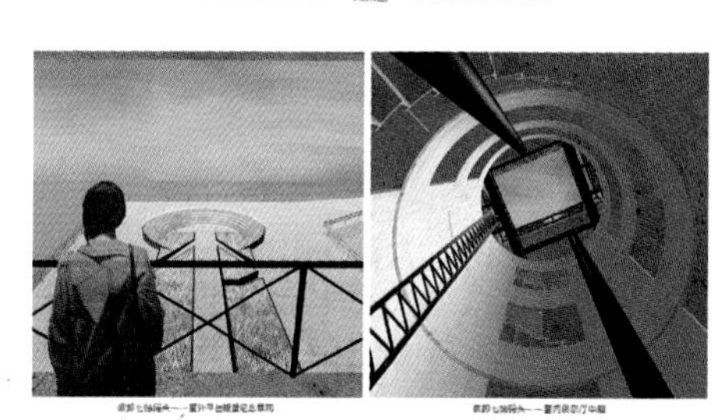

一等奖

The First Prize

作品名称

《寻那回一湾绿水》

院校	作者姓名	指导老师
广西艺术学院	陈静	陈建国

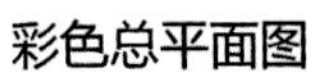

彩色总平面图

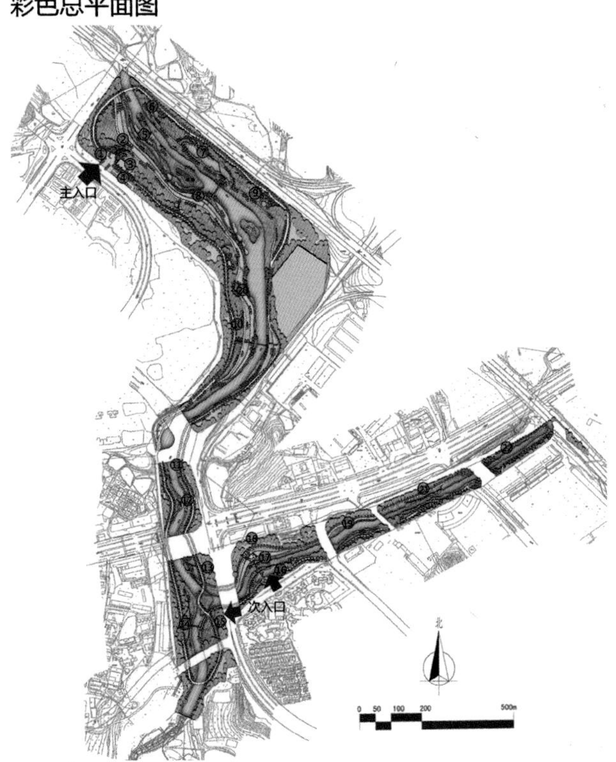

① 主入口
② 草垛广场
③ 游客中心
④ 生态停车场
⑤ 清清河边草
⑥ 林边草棚
⑦ 芦苇湖
⑧ 田间漫步
⑨ 石凳子
⑩ 泥砖景墙
⑪ 浣洗台
⑫ 洗澡池
⑬ 虹桥路南入口
⑭ 林间木栈道
⑮ 虹桥路北入口
⑯ 东虹路入口
⑰ 折桥
⑱ 观景平台
⑲ 滨水木栈道
⑳ 钓鱼台
㉑ 旅客司机休憩园
㉒ 防护林

植物专题设计

南宁市的乡土植物种类众多，乡土植物本身也能代表自然的风光和本地的景色。根据竖向设计中依地形地貌和水文而设置的三大梯度台地和河道这四个区域来划分植物的种植与配置。

第一梯度　第二梯度　第三梯度　河道

50年一遇水位线

5年一遇水位线

游船码头效果图

竖向设计分析

竖向设计中河道两岸划分为三大梯度，使滨水岸线成为生机勃勃，兼具休憩和防洪功能的美丽景观。

第一梯度主要形式为树林，靠近城市各条道路，主要作用是道路污水河雨水冲刷缓冲带及绿地与城市的隔离带同时作为园内一级园路的慢行系统贯穿树林。

第二梯度为主要形式为梯田式缓坡种植带，位于河道50年与5年一遇洪水位线之间，梯田式的缓坡不但增加了行洪断面，缓解水流速度，还提高了公园的亲水性。种植带上广植适应于季节性洪涝的乡土植被，带内的红石挡土墙同时也成为可进入的步道系统。

第三梯度主要形式为草地缓坡，位于河道5年一遇洪水位线上，种植成本低、易成活的乡土草皮和芦苇丛，打造清清河边草的乡土意境。

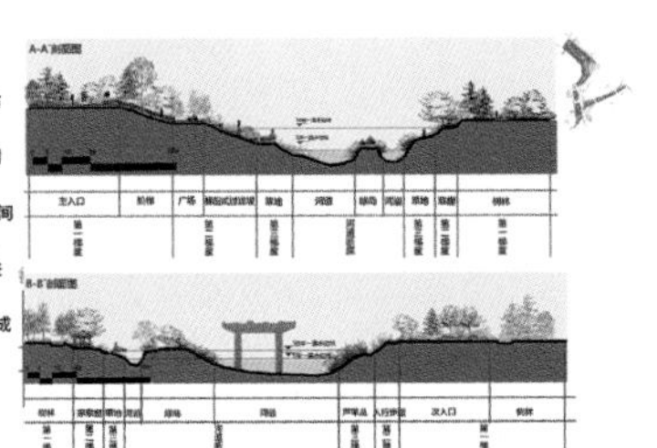

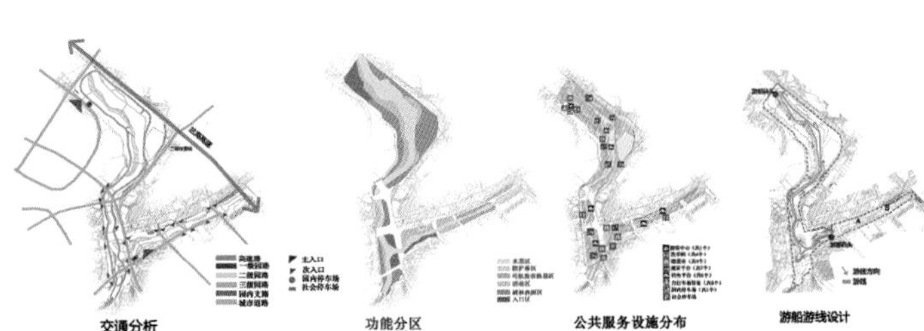

二等奖

The Second Prize

作品名称

《海之轴》

院校

广西艺术学院

作者姓名

黄庭锐、梁美谊、麦家颖

指导老师

玉潘亮、黄一鸿

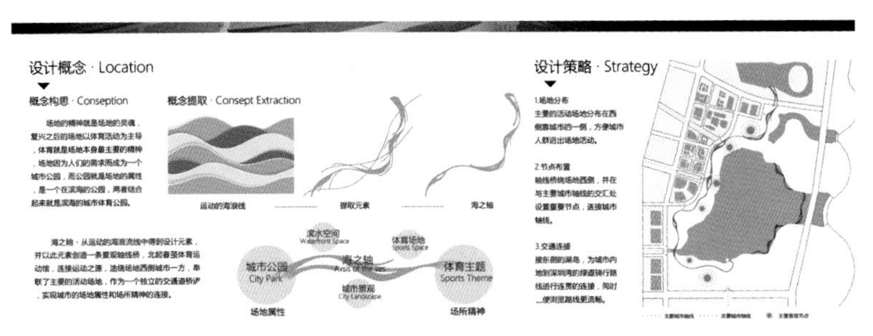

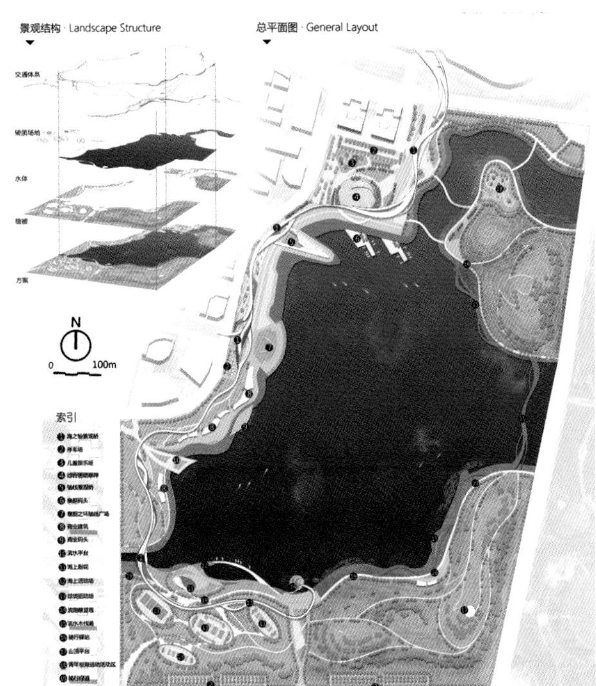

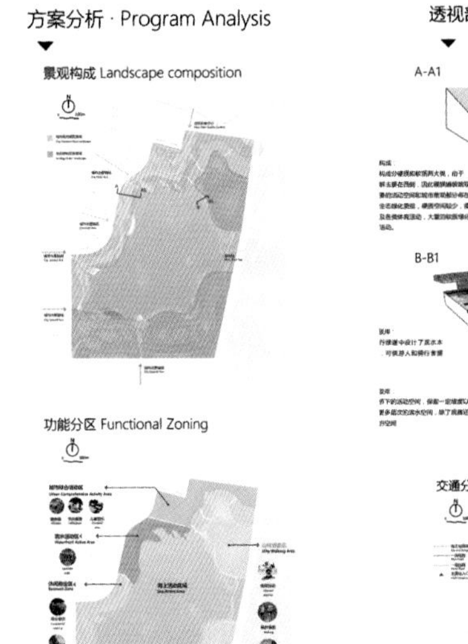

西侧靠城市群方向的分区功能以综合活动和城市滨水空间为主，东侧的山林游园区则为游人在进行体育运动的同时提供一个生态高绿化量的空间。

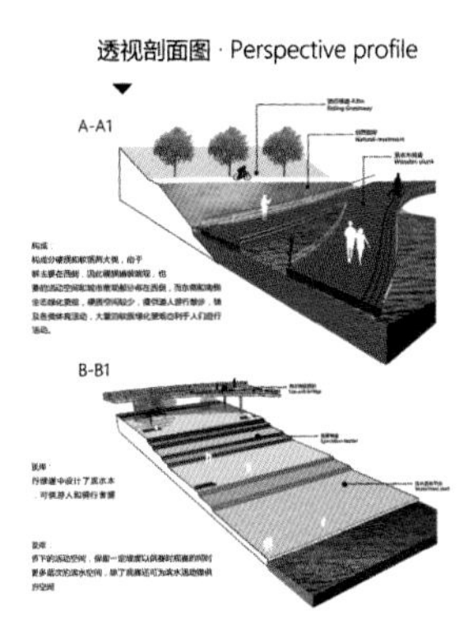

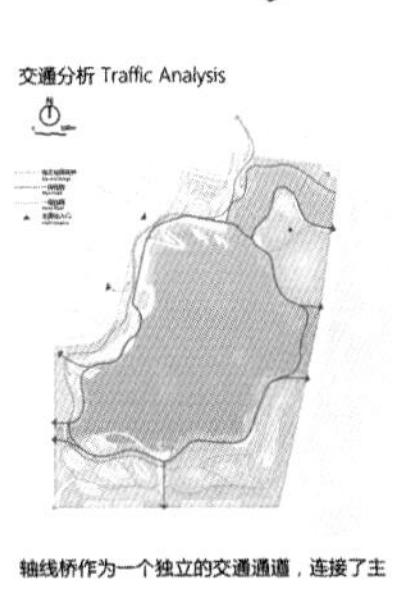

轴线桥作为一个独立的交通通道，连接了主要城市轴线方向以及体育馆方向的人行通道进入场地，同时也串联了场地内主要的活动空间。

效果图 · Design Sketch

综合活动草坪效果图

球类运动场效果图

商业码头效果图

赛艇之环轴线广场效果图

18 青年极限运动场地效果图

15 滨水木栈道效果图

二等奖

The Second Prize

| 作品名称

《桂思涌、咏思桂》

院校	作者姓名	指导老师
广西艺术学院	刘畅	李春、文东海

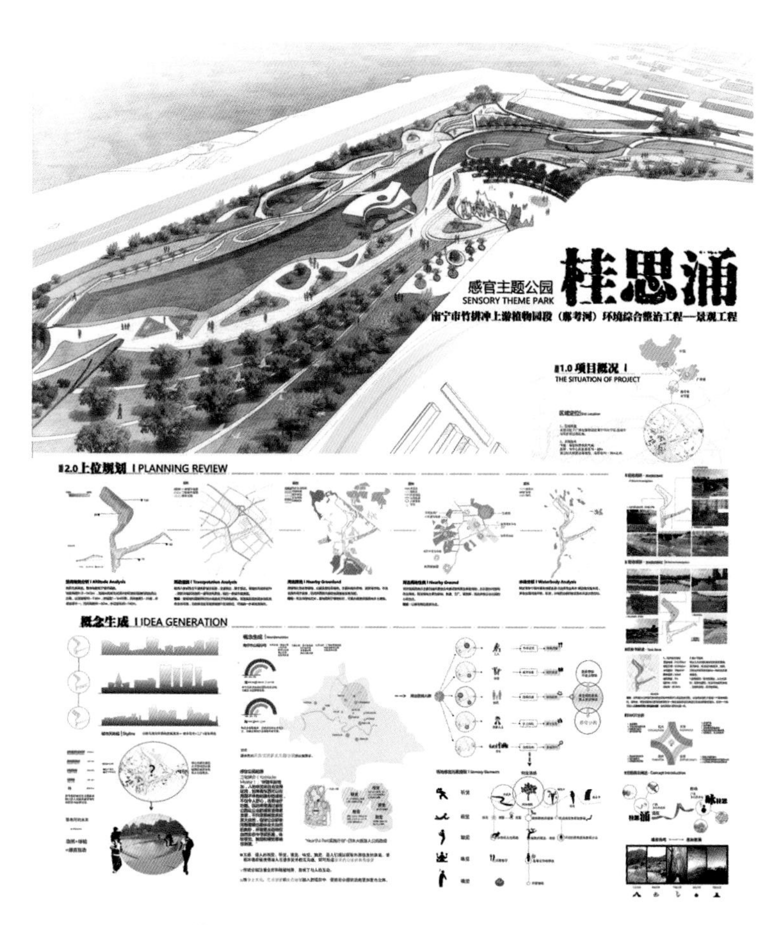

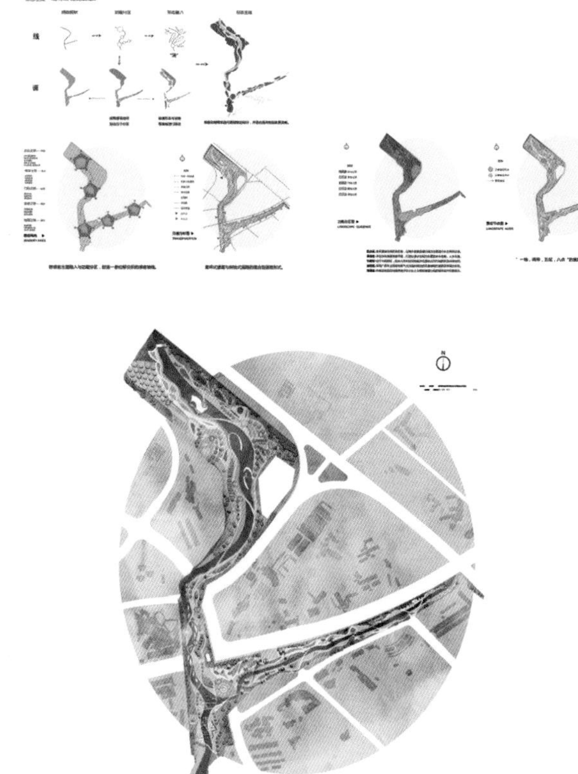

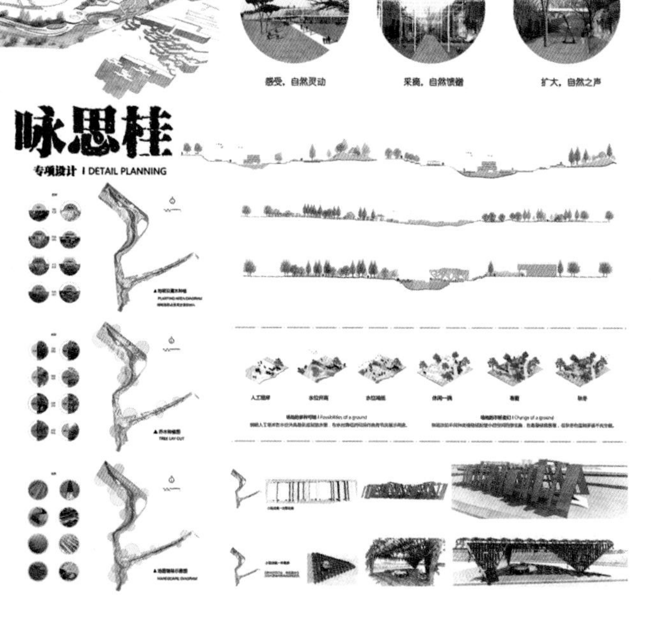

二等奖

The Second Prize

作品名称

《浮·城——嘉陵江滨江高架下改造设计》

院校
四川美术学院

作者姓名
陈婷婷、彭雨峤

指导老师
赵宇

设计说明 Design specification

"浮"漂在水面上，与"沉"相对。方案主要是利用江水的浮力，解决长江消落带问题。过去江边是自然的、亲水的、有活力的、适合人居住的，而滨水高架桥的修建使人与江水隔绝。通过设计将各功能转化成模块的形式（运动/商业/休闲/绿化/观景）而形成错落分布，任意置换，可根据江水涨落进行高度的变化，可以减缓高架桥下巨大的空间带来的压力，改善人与水的亲近程度，同时解决消落带这一重大问题。

"城"围绕都市的意象，都市、城市的意思。受电影《逆世界》的启发，形成颠倒时间的初步设想，利用正负形倒影出城市的形态，用灯柱的形式表现，与桥梁之上的高楼大厦相互呼应的同时也改善了原始场地采光差的问题。

材料分析 Material analysis

剖面图分析 NProfile analysis

板块移动，有些楼梯随动层则下降或上升后形成一个新块面。而没有移动的楼梯则成为没有出路的假楼梯。

板块没有移动的时候各个楼梯都是与上层搭建的关系，但是有些楼梯人为让其无法通行。

绿化分析 Greening analysis

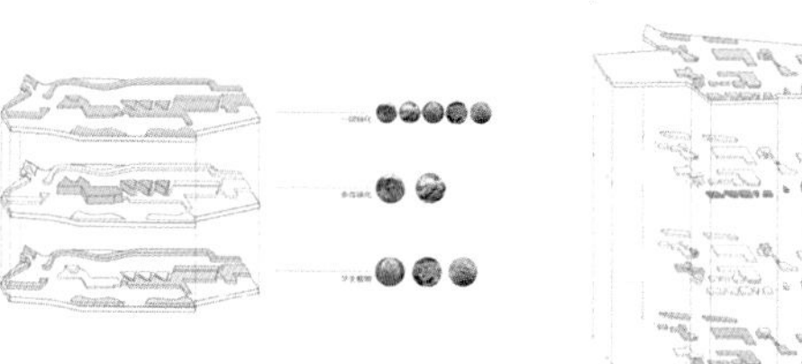

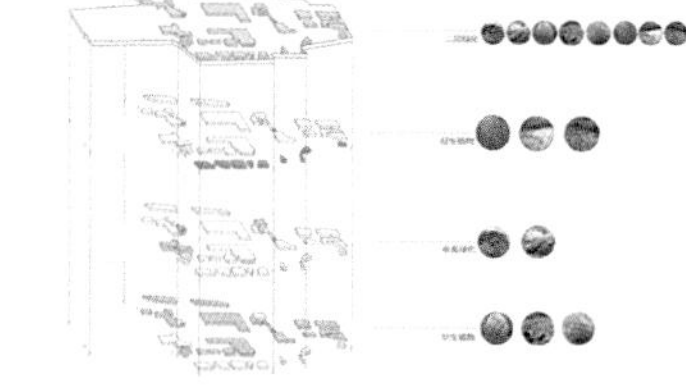

空间流线分析 Space streamline analysis

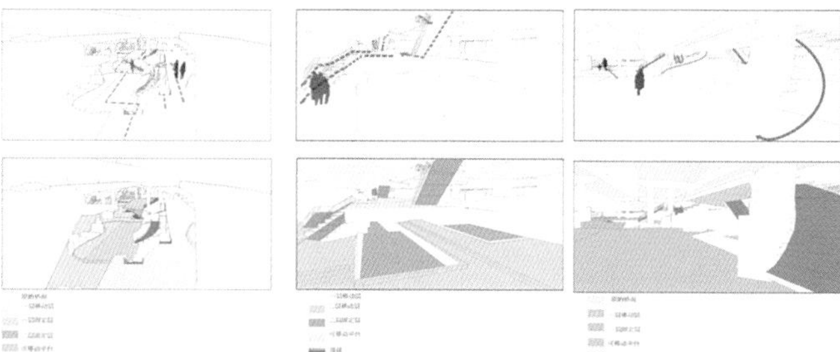

道路系统 Road system

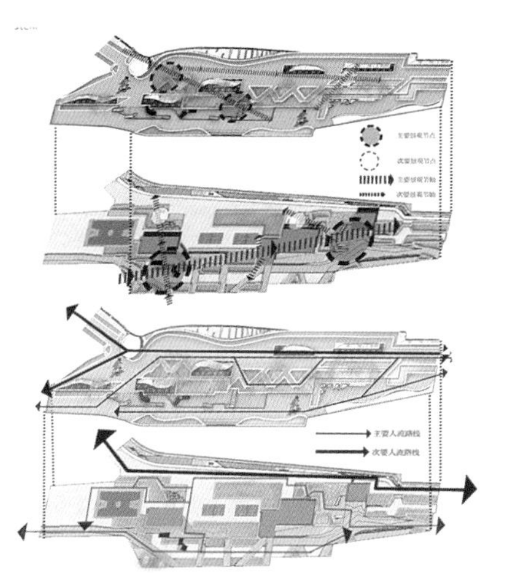

效果图展示 Effect chart display

二等奖

The Second Prize

作品名称

《山·院——歌乐山养老社区一体化庭院设计》

院校	作者姓名	指导老师
四川美术学院	范芸芸、陈竹	黄红春

平面图

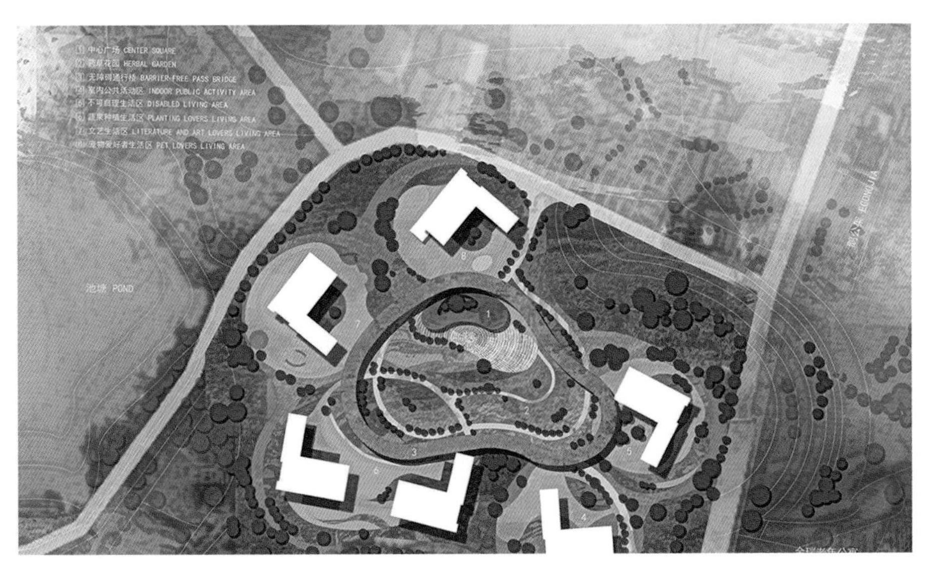

无障碍花园廊桥效果图

无障碍花园廊桥效果图

场地效果图

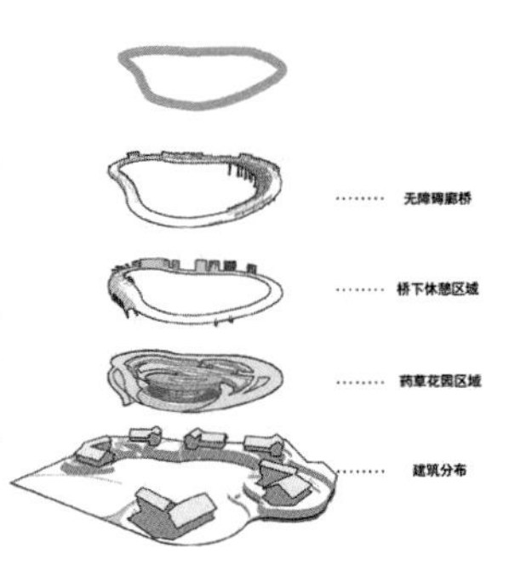

感官花园效果图

感官花园分析

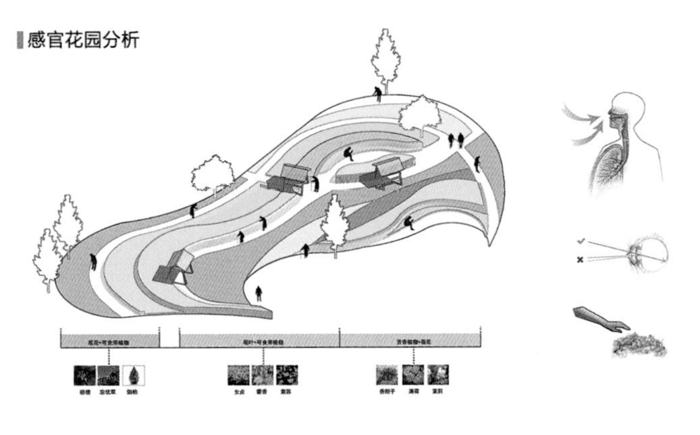

植物分析

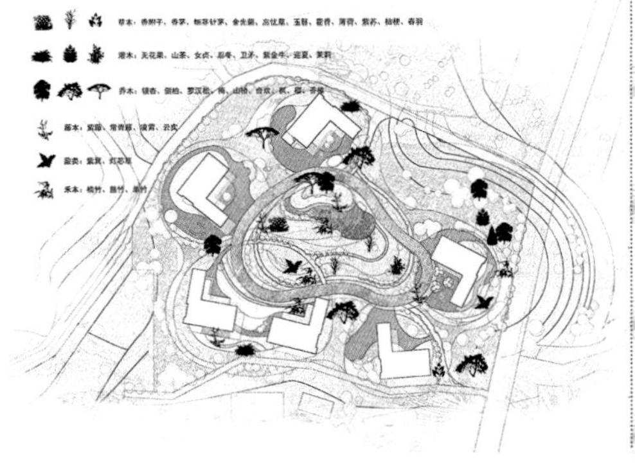

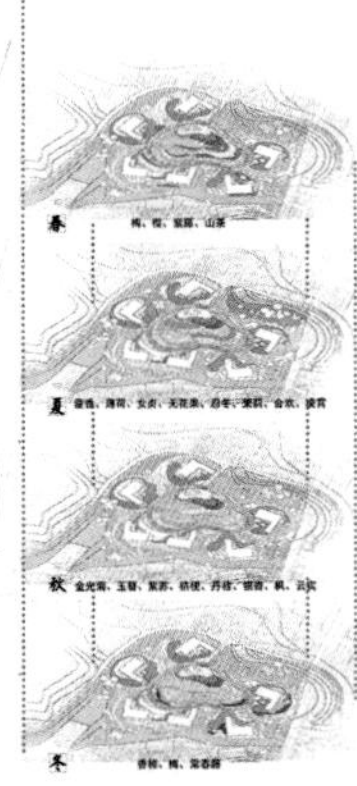

二等奖

The Second Prize

作品名称

《牵手》

院校

西安美术学院

作者姓名

杨丰铭、王双、
李杨柳、于茜

指导老师

孙鸣春、李媛

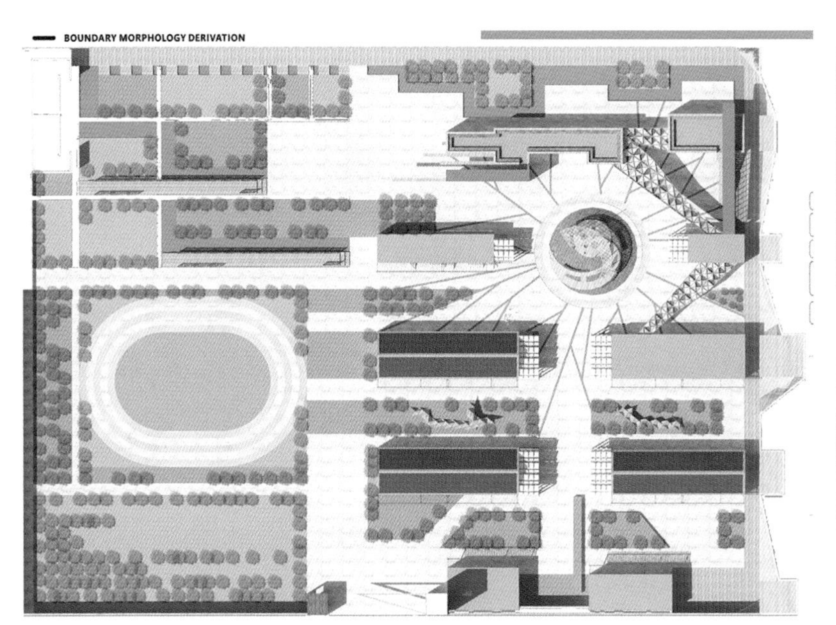

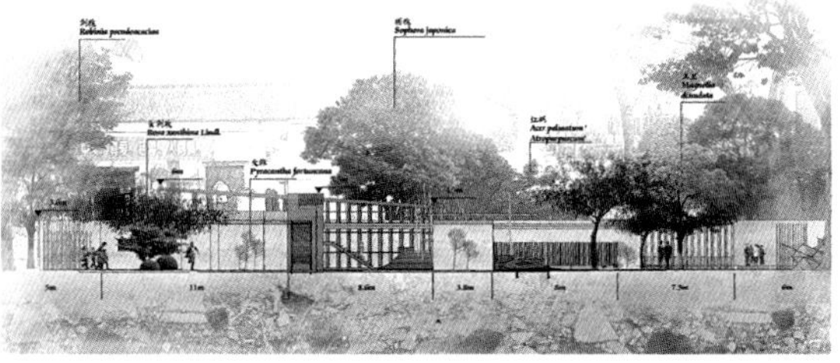

二等奖

The Second Prize

作品名称

《穿越·地缘　聊城滨水中心公园景观设计》

院校

山东建筑大学

作者姓名

马亚丽、赵亚

指导老师

姜波

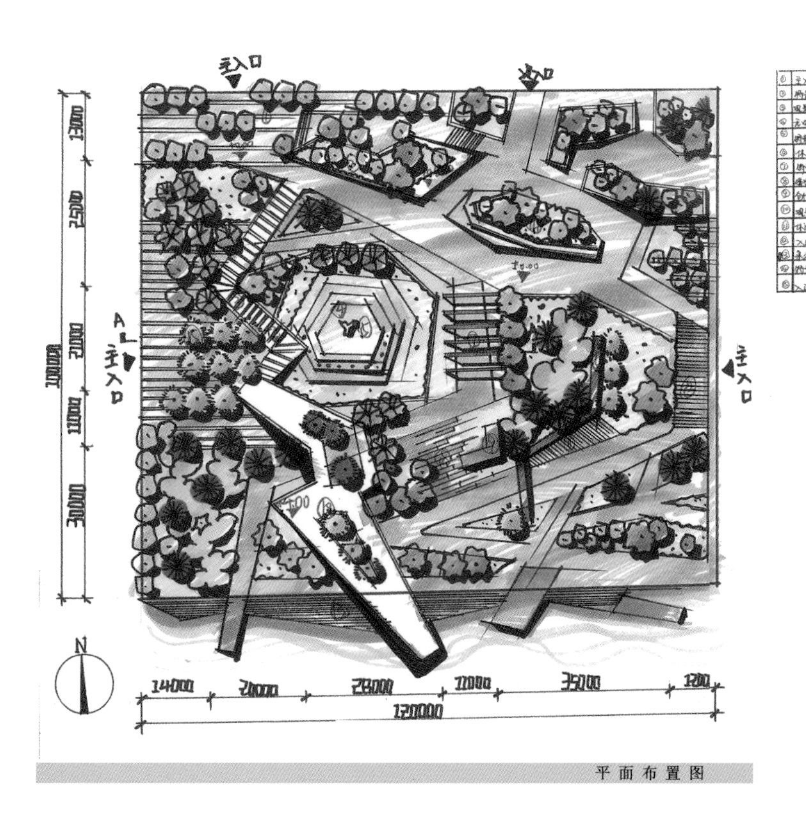

平面布置图

效果图

效果图

分析图、设计说明

鸟瞰效果图

效果图

二等奖

The Second Prize

作品名称

《消失的界限、整合的空间》

院校	作者姓名	指导老师
广西民族大学	王洋	伏虎、邓雁

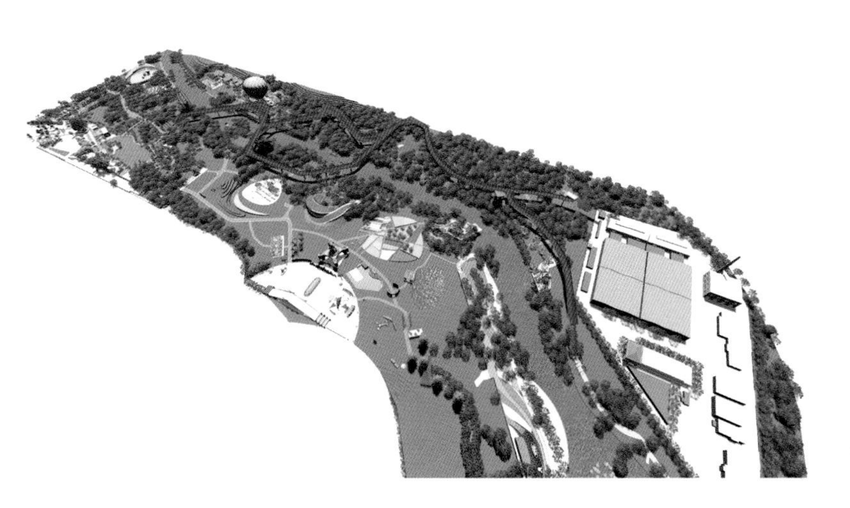

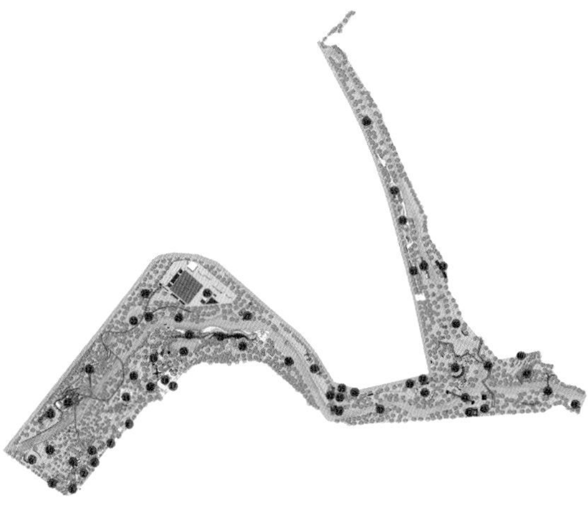

1. MIN ENTRENCE 园区主入口
2. ENTRANCE SQUARE 入口广场
3. ECOLOGICAL PARKING LOT 生态停车场
4. REST ROOM 卫生间
5. LAKESIDE LANDSPACE AREAS 滨湖景观
6. CHILDREN'S ENTERTAINMENT 儿童娱乐
7. LEISURE AREA 休闲区
8. ECOLOGICAL PARKING LOT 生态停车场
9. LEISURE AREA 休闲区
10. LANDSCAPE SCULPTURE AREA 景观雕塑
11. LISURE FARM 休闲农庄
12. RECREATIONAL AREA 滨水休闲区
13. LANDSCAPE VIADUCT 景观高架桥
14. LEISURE AREA 休闲区
15. ECOLOGICAL PAVILION 生态展馆
16. LEISURE AREA 休闲区
17. MIN ENTRENCE 园区主入口
18. ENTRANCE SQUARE 入口广场
19. GARDEN AREA 花园观赏区
20. LAKESIDE PVA 滨湖观赏区
21. ENTERTAINMENT DISTRICT 休闲娱乐区
22. ECOLOGICAL RANCH 生态牧场
23. VIEW TOWER 景观塔
24. REST ROOM 卫生间
25. WATERFRONT VIEW PLATFORM 滨水观景台
26. SEWAGE TREATMENT WORKS 污水处理厂
27. WATERFRONT VIEW PLATFORM 滨水观景台
28. REST ROOM 卫生间
29. ECOLOGICAL CORRDOR 生态走廊
30. RECREATIONAL AREA 滨水休闲区
31. RECREATIONAL AREA 滨水休闲区
32. REST ROOM 卫生间
33. LANDSPACE AREAS 滨湖景观
34. WATERFRONT SQUARE 滨湖广场
35. MIN ENTRENCE 园区主入口
36. ECOLOGICAL PARKING LOT 生态停车场
37. ECOLOGICAL BRIDGE 生态景观桥
38. MIN ENTRENCE 园区主入口
39. ECOLOGICAL PARKING LOT 生态停车场
40. CULTURE SQUARE 文化广场
41. ECOLOGICAL BRIDGE 生态景观桥
42. ECOLOGICAL PARKING LOT 生态停车场
43. SECONDARY ENTRANCE 园区次入口
44. LANDSCAPE VIADUCT 景观高架桥
45. LANDSCAPE SCULPTURE AREA 景观雕塑
46. SECONDARY ENTRANCE 园区次入口
47. GARDEN AREA 花园观赏区
48. ECOLOGICAL BRIDGE 生态景观桥
49. WATERFRONT VIEW PLATFORM 滨水观景台
50. REST ROOM 卫生间
51. SECONDARY ENTRANCE 园区次入口
52. HYDROPHILE FLAT ROOF 亲水平台
53. RECREATIONAL AREA 滨水休闲区
54. ECOLOGICAL CORRDOR 生态走廊
55. WATERFRONT VIEW PLATFORM 滨水观景台
56. ECOLOGICAL FOREST 生态丛林

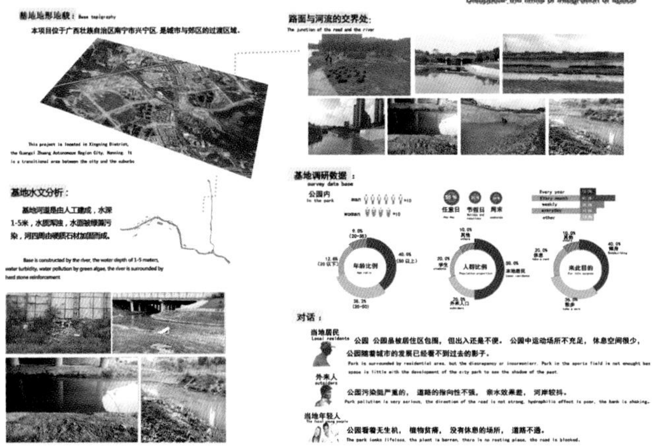

效果图 rendering

自然感知区 rendering

湖边景观 pool landscape

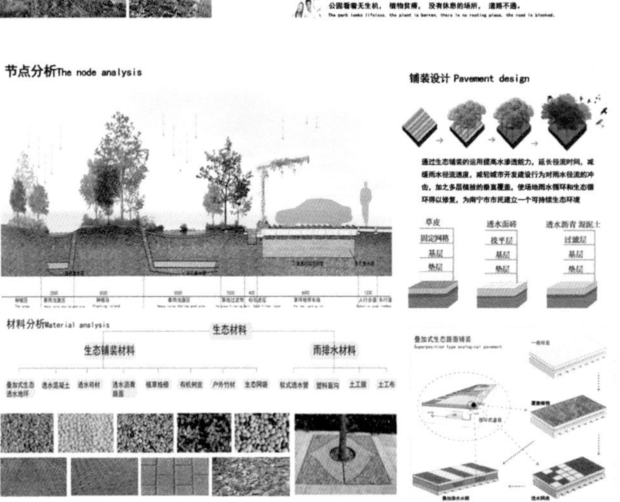

节点分析The node analysis

三等奖

The Third Prize

作品名称

《山水情缘·宜居壮乡 ——第十二届中国(南宁)国际园林博览会广西园方案设计》

院校	作者姓名	指导老师
广西艺术学院	丁子容	曾晓泉

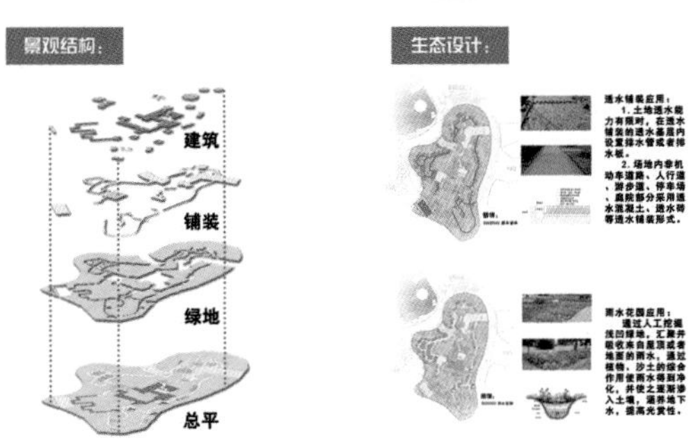

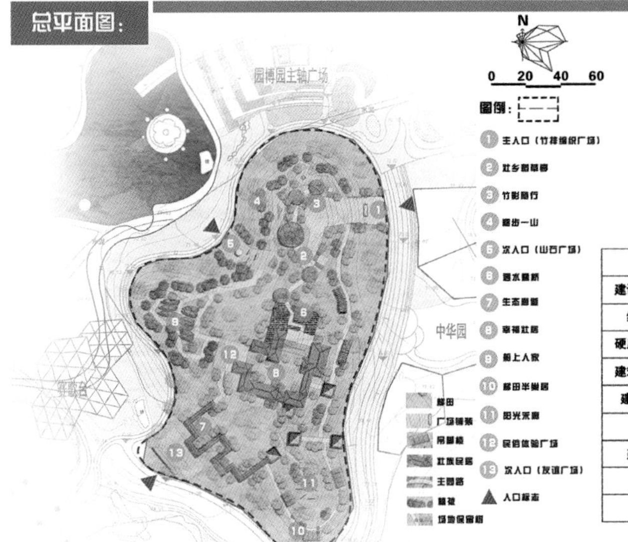

	单位	数值
建设用地面积	m²	30000
绿地面积	m²	18344
硬质广场面积	m²	4941
建筑基地面积	m²	3280
建筑总面积	m²	5370
绿地率	%	61.14%
建筑密度	%	10.93%
硬地率	%	16.47%
容积率		61.8

节点效果图：

幸福壮居：

广西民俗文化展览馆位于广西园内最高处。四周遍植树木，辅之以鲜花。本身布局源自岭南民居的经典布局三合院形式，后对其进行了微调。三合院布局形式体现了广西人民最为普遍的居住方式，是继传统村庄无规律聚落之后的最普遍建筑布局。展览馆外立面运用青砖，并保留双坡屋顶，盖以灰瓦，最大程度的保留了壮乡的古典建筑风貌。内部主要通过多种形式展览广西各地风俗文化，包括实物展出、视频放映、多媒体互动等方式。

幸福壮居

节点效果图：

船上人家：

捕鱼在广西是一种很常见的生产途径。由于其优越的水资源环境，所以河中的鱼，肉质鲜美，引得周边居民以捕鱼为生。捕鱼者短则早出晚归，长则在渔船上生活1-3天。因此本景点通过模拟渔船停留在码头的情景，让游客可以近距离接触渔船，感受渔民与渔船的联系，从而体会渔民与渔船，与水之间的宜居方式。

船上人家

梯田半巢居

节点效果图：

生态廊道

叠水叠桥

三等奖

The Third Prize

作品名称

《新光小学景观改造设计》

院校	作者姓名	指导老师
广西艺术学院	凌玉婷、覃曦颖	李春、文东海

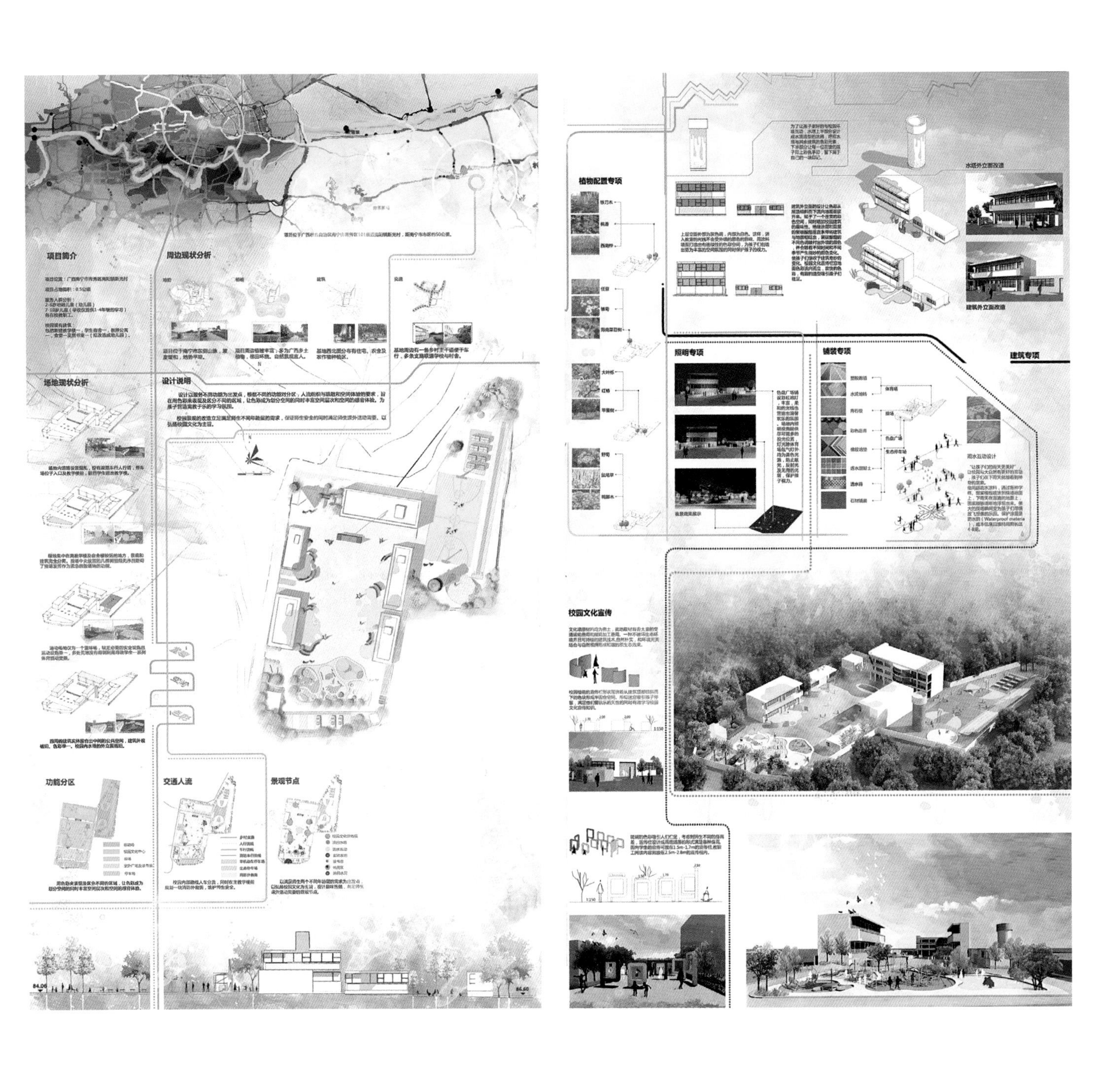

三等奖

The Third Prize

作品名称

《石头厝体验式民宿》

院校	作者姓名	指导老师
广西艺术学院	许亚丽、陈丽莲、陈杨自然	玉潘亮、黄一鸿

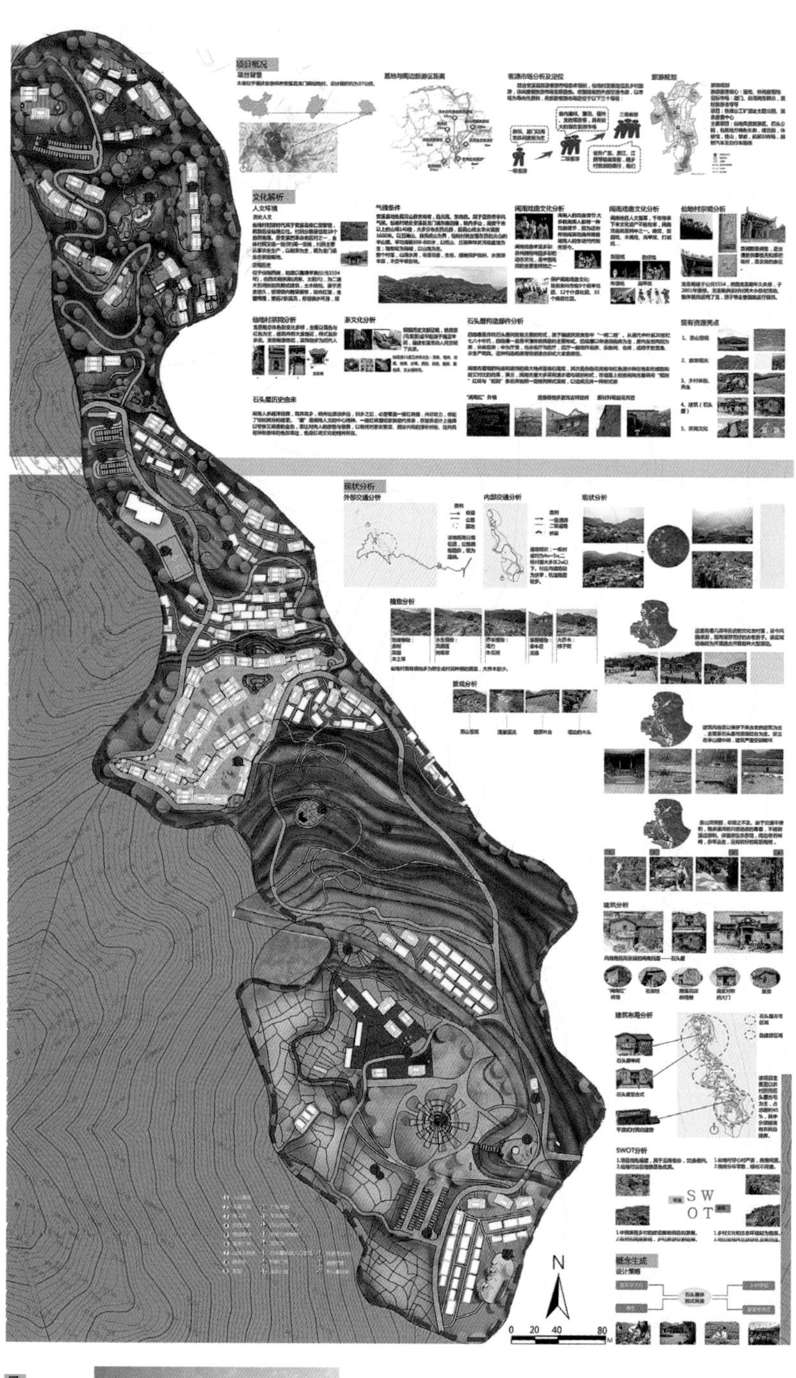

景观区效果图

三等奖

The Third Prize

作品名称

《黄桷忆——重庆黄桷垭老街改造设计》

院校	作者姓名	指导老师
四川美术学院	方骥飞	龙国跃

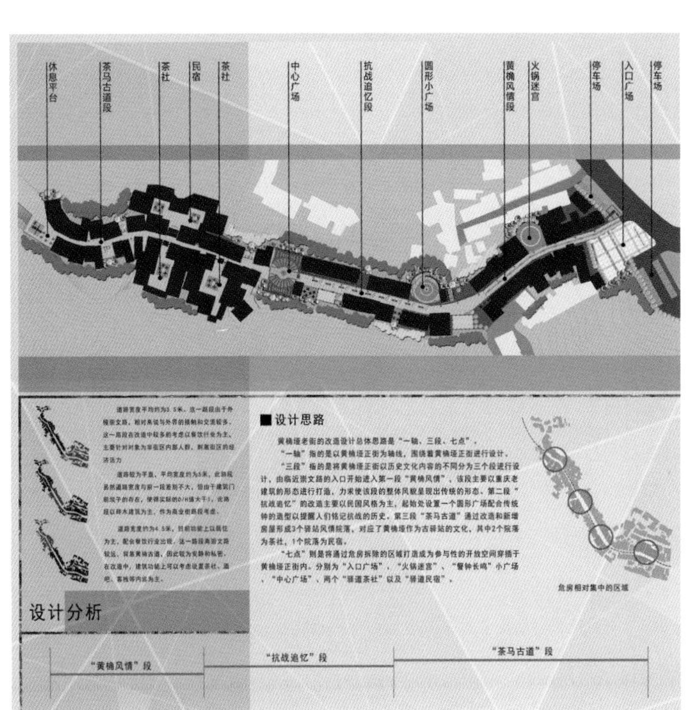

三等奖

The Third Prize

作品名称

《水泥厂改造》

院校	作者姓名	指导老师
西安美术学院	曾斌、赵睿、陈琪、卢美君	梁锐、王展

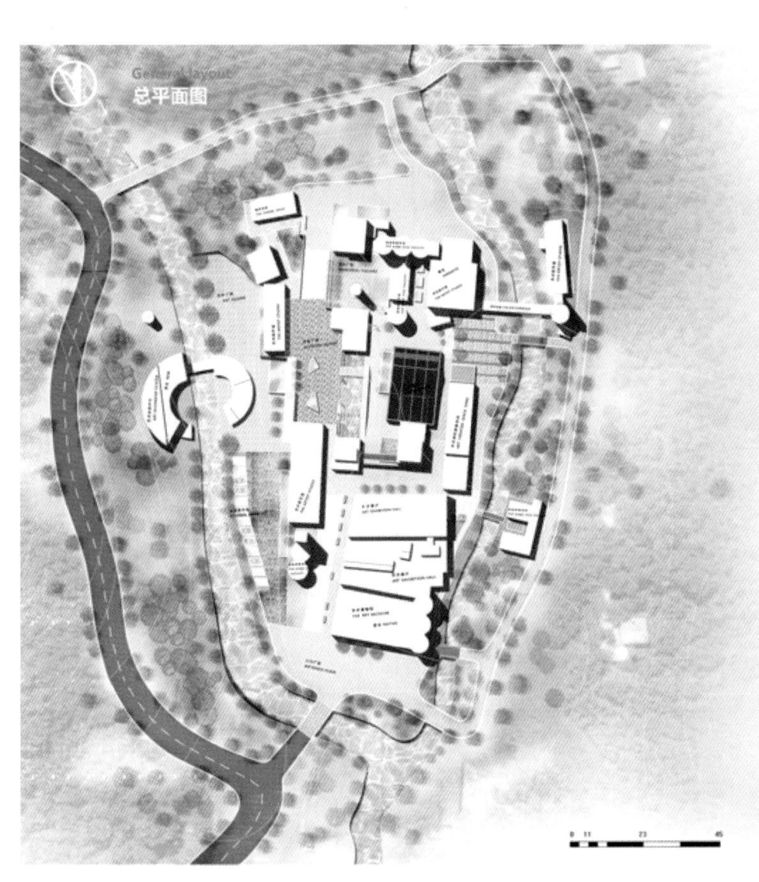

Building facade
建筑立面

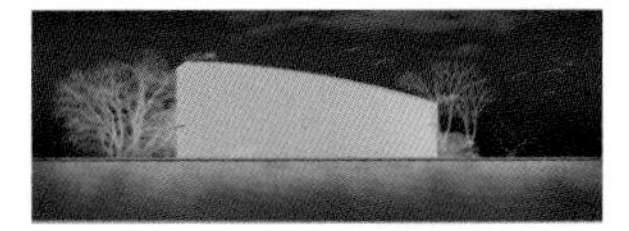

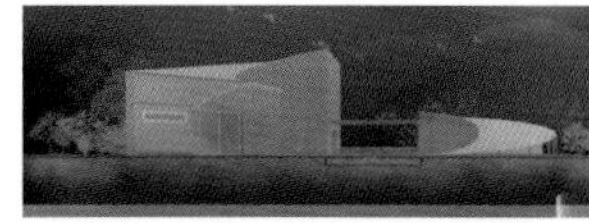

三等奖

The Third Prize

作品名称

《沧海浅川——浙江省台州市石塘镇车关村绿岛规划》

院校

天津美术学院

作者姓名

颜烨、赵玮程

指导老师

龚立君、王星航

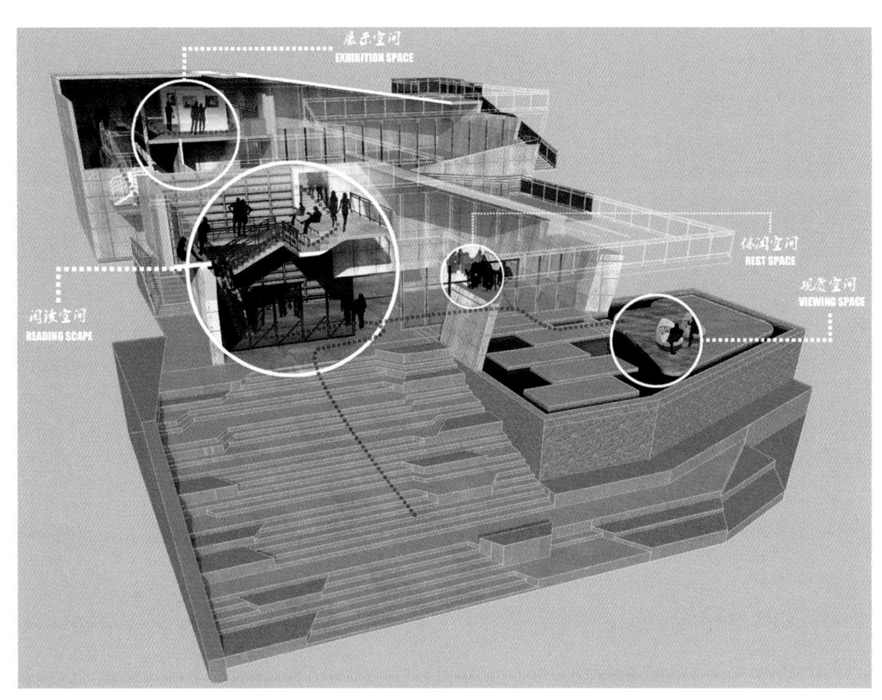

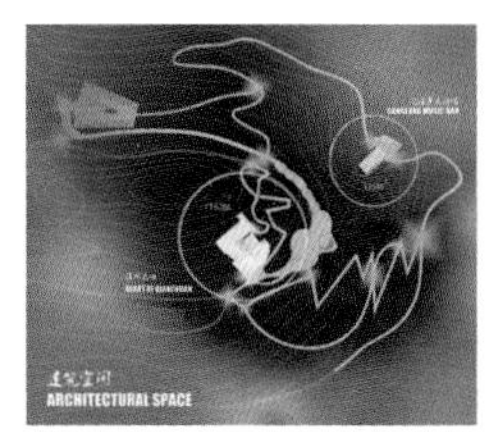

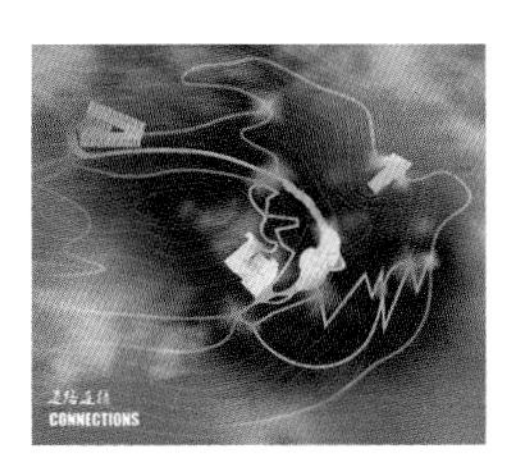

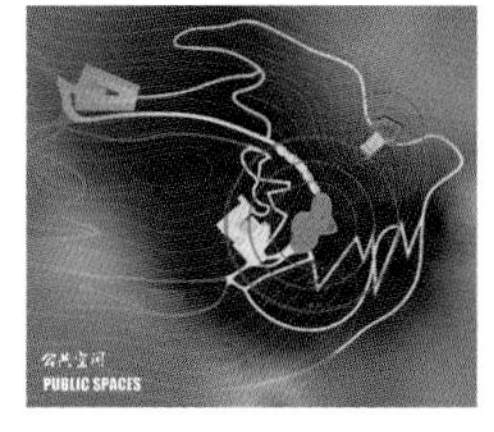

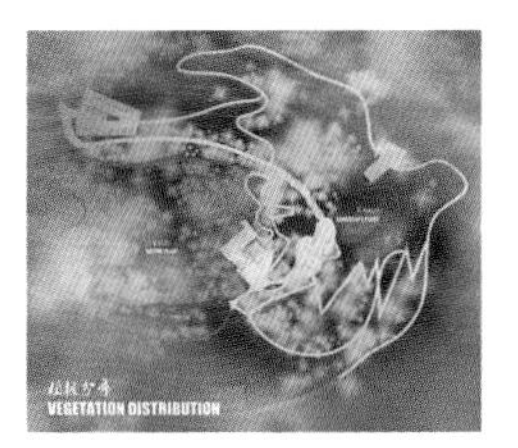

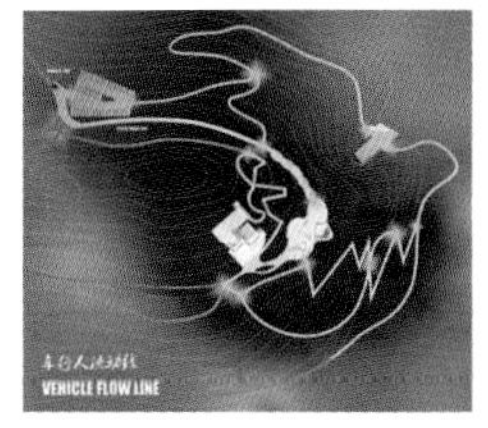

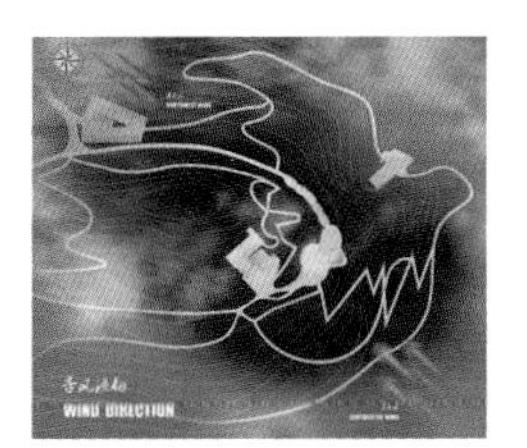

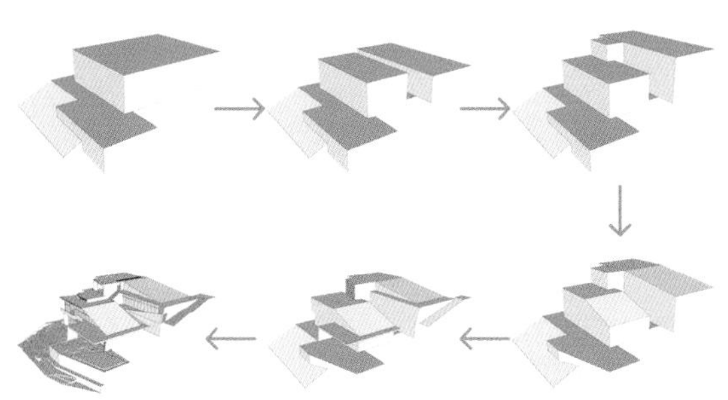

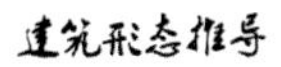

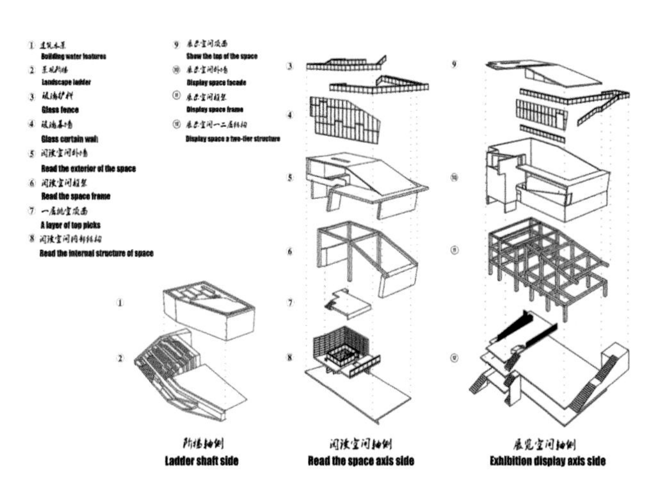

三等奖

The Third Prize

作品名称

《旧城新事》

院校	作者姓名	指导老师
江南大学	王馨曼、邢兆连	林瑛

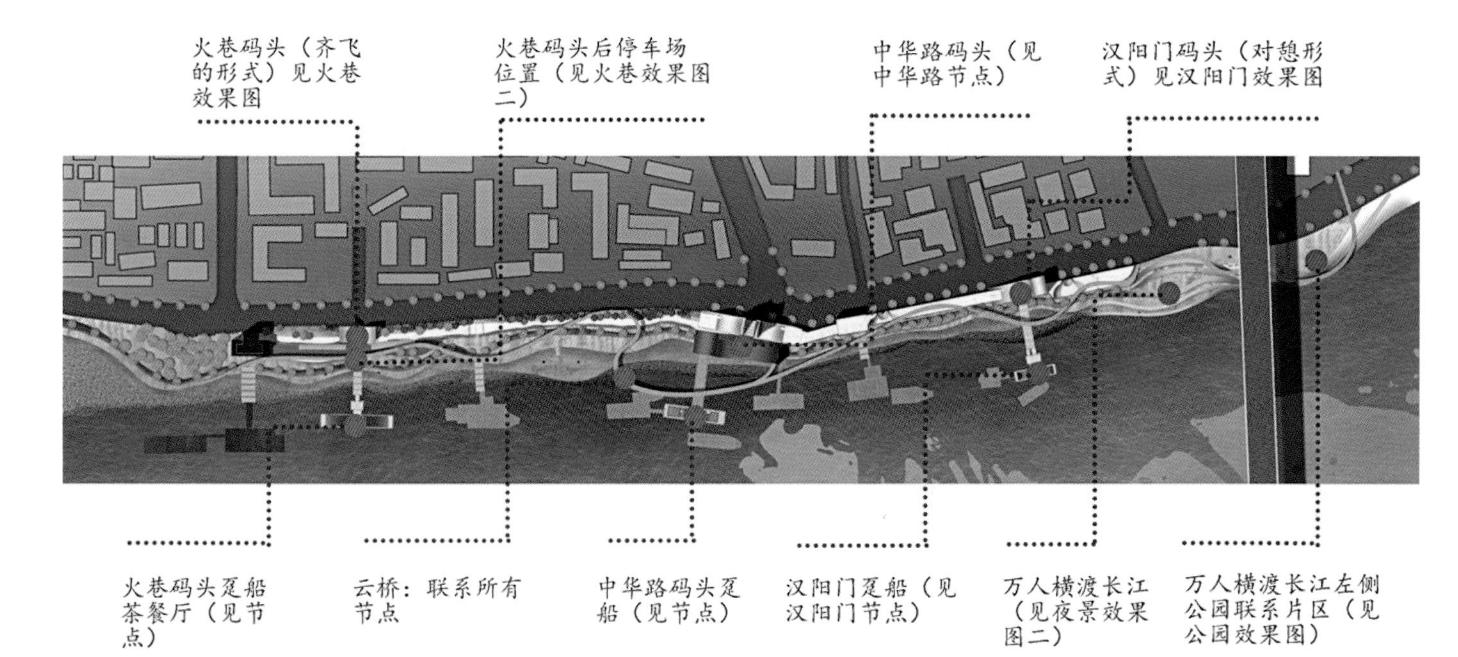

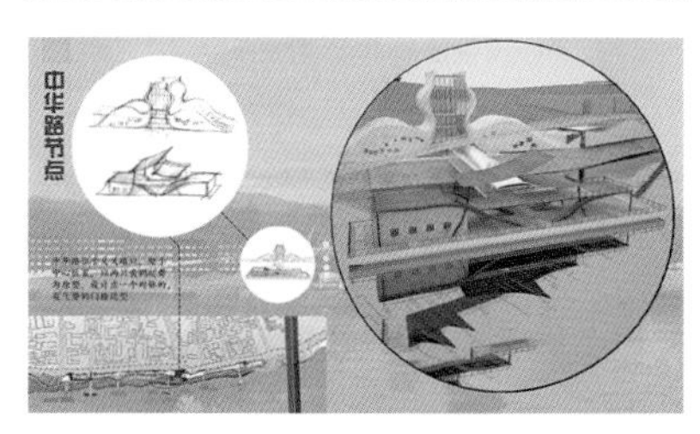

希望夜景中川流不息的繁华，激起武昌江滩汉阳门码头一带的活力

夜景效果图

夜景效果图二

汉阳门效果图一

汉阳门效果图二

汉阳门效果图三

汉阳门效果图四

火巷效果图

火巷效果图二

公园效果图

楼梯效果图

三等奖

The Third Prize

作品名称

《无锡洪口墩老村落景观建筑更新设计》

院校	作者姓名	指导老师
江南大学	于杨	史明

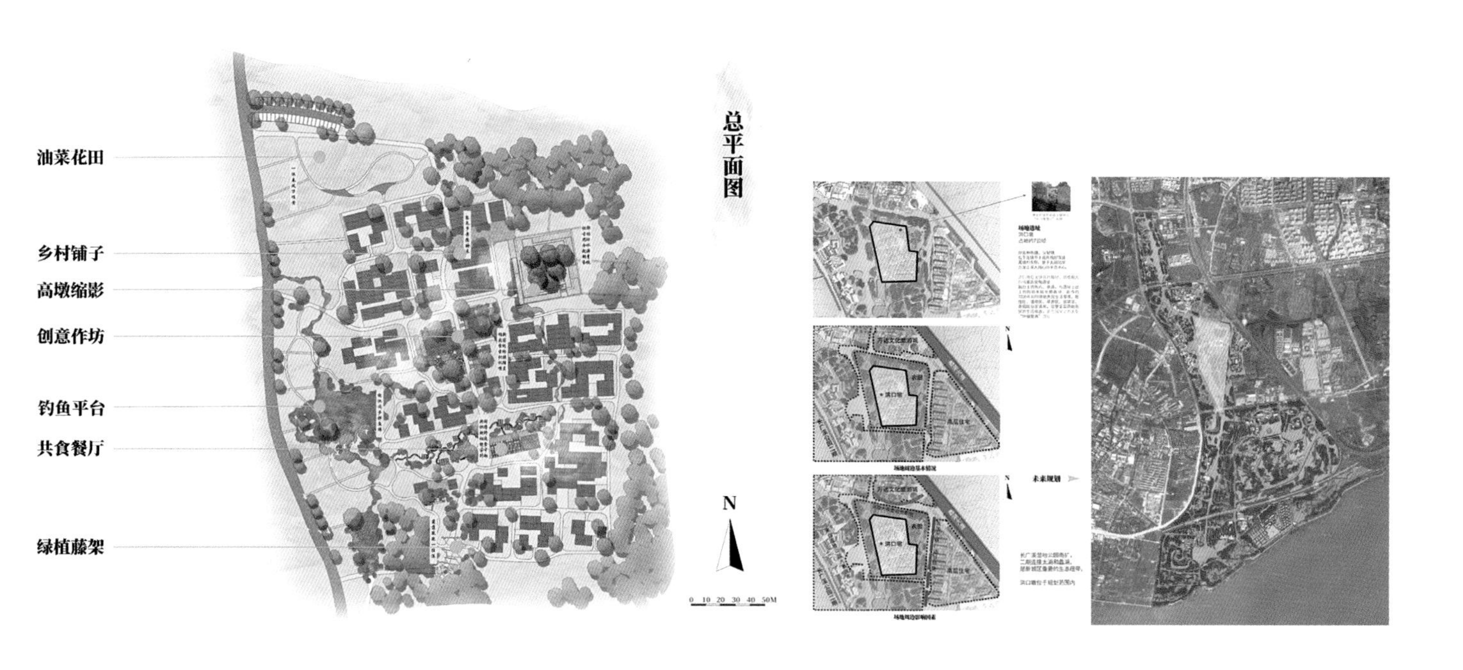

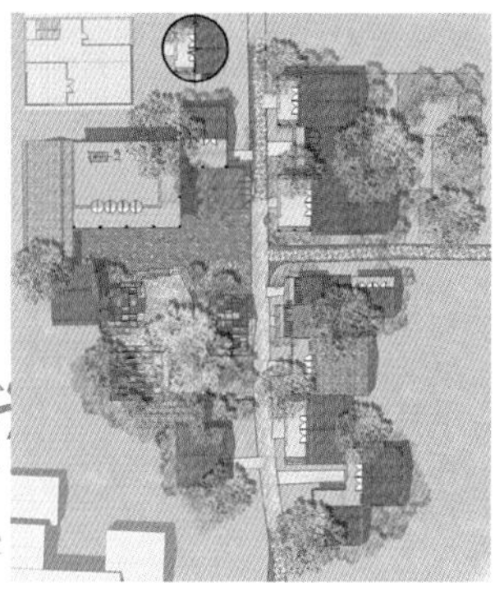

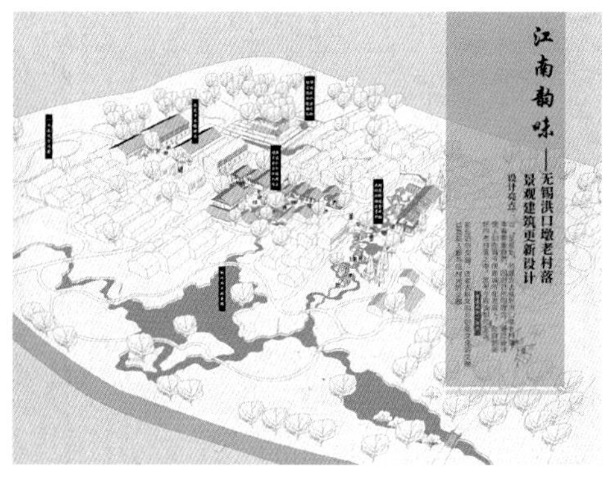

三等奖

The Third Prize

作品名称

《京杭间·西津里——镇江市古运河历史复兴景观设计》

院校	作者姓名	指导老师
江南大学	张馨月、陈杨	周林

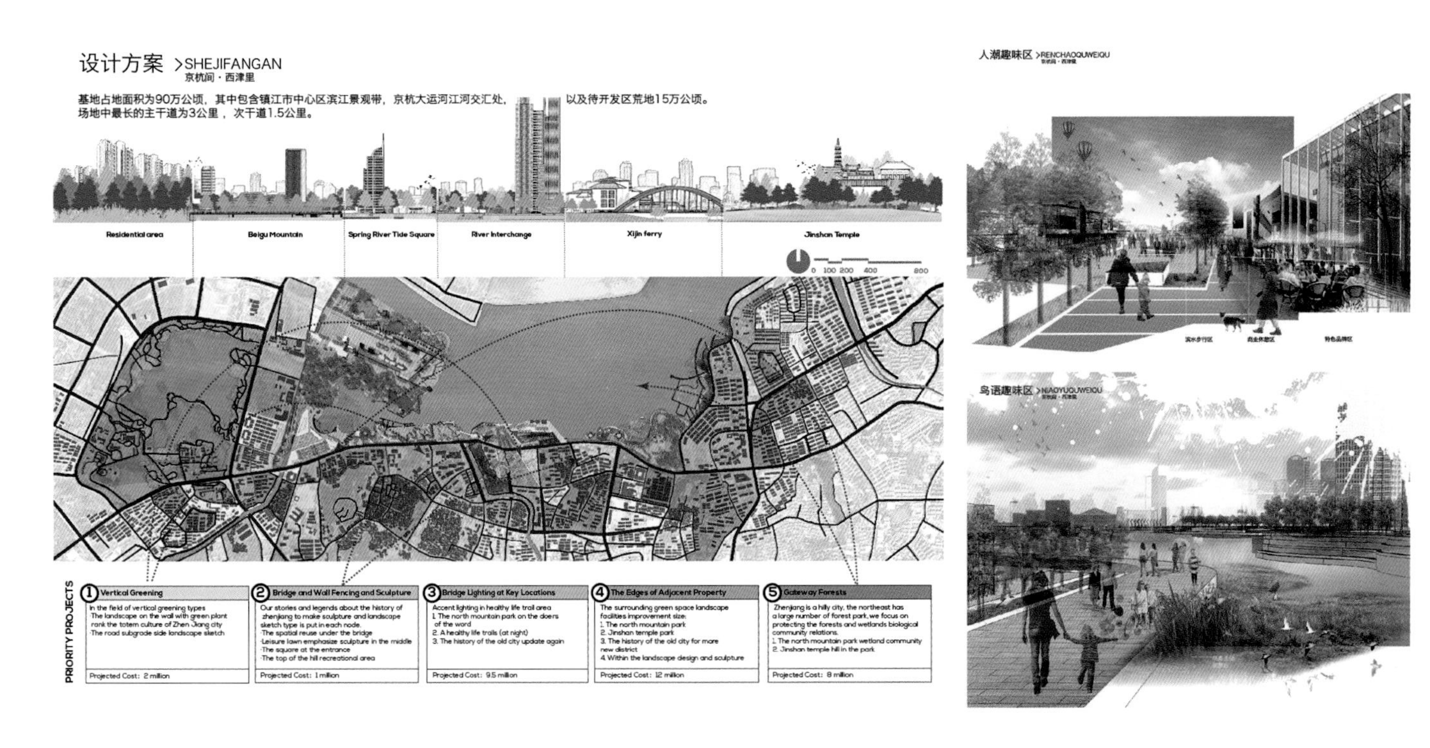

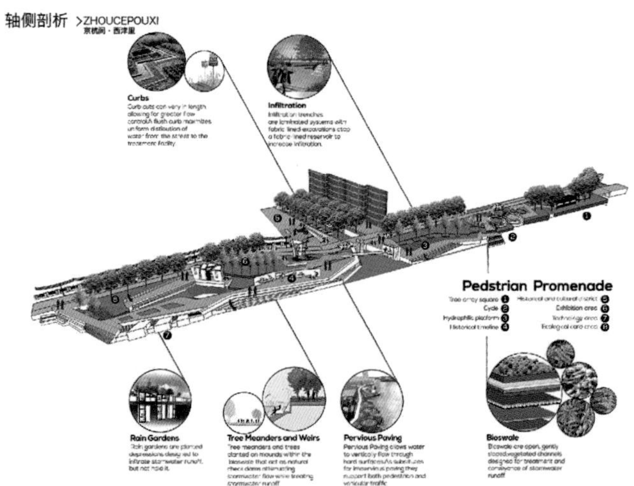

三等奖

The Third Prize

作品名称

《西营镇农业观光园景观设计》

院校

山东建筑大学

作者姓名

代泽天

指导老师

薛娟

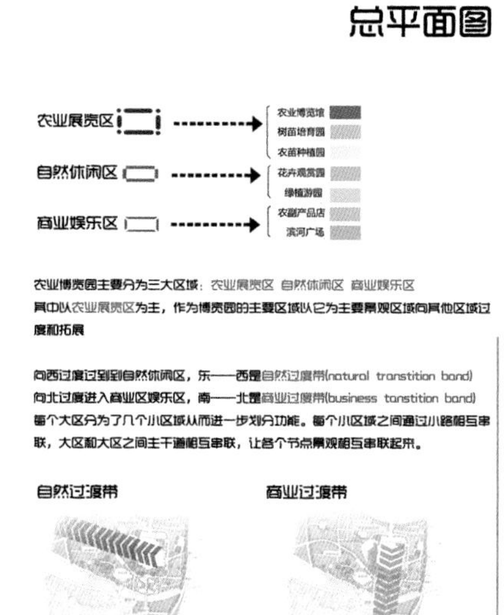

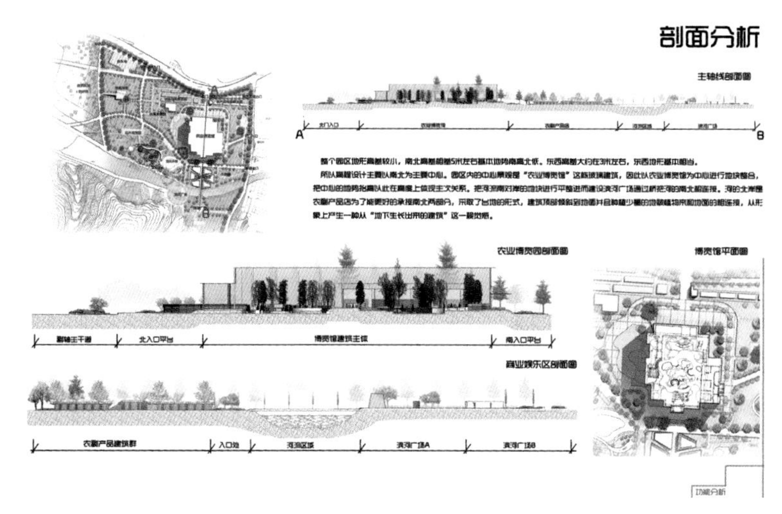

三等奖

The Third Prize

作品名称

《"原生态"湿地公园景观规划设计》

院校	作者姓名	指导老师
广西师范学院	杨紫棋、李会娜	李燕、徐菲

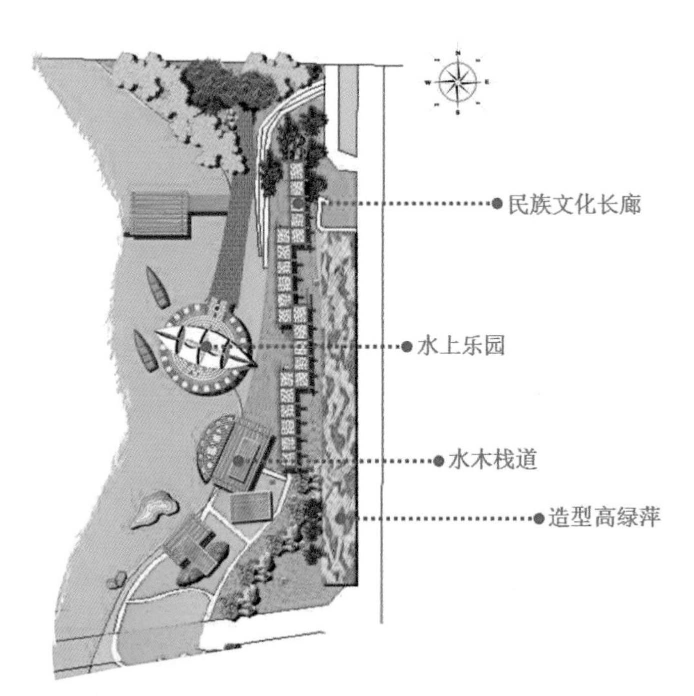

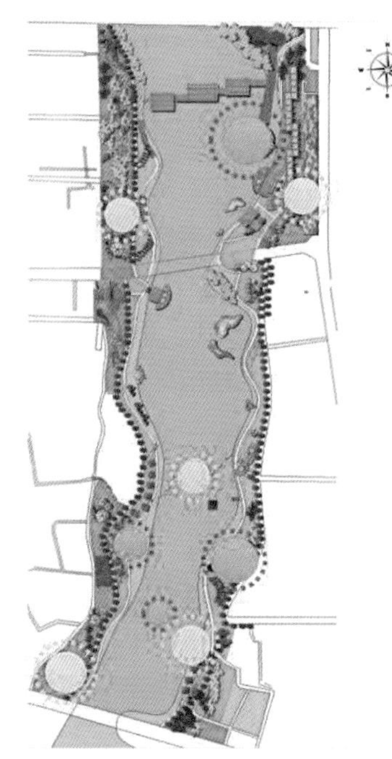

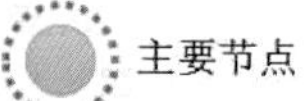

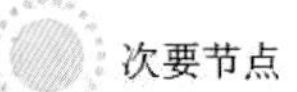